21世纪全国高校应用人才培养规划教材

中国古代建筑及历史演变

主　编　何宝通

副主编　苗祥俊　周　鹤

内 容 简 介

《中国古代建筑及历史演变》共分两篇。第一篇讲述中国古代建筑的特点，重点讲述清代常见的各种类型建筑的造型、结构、构件及尺度；第二篇讲述中国古代建筑的历史演变以及各个历史时期建筑的特点。除讲述木作外，还讲述了砖瓦作、石作、油漆彩画作等；而且，除二维图例外，还附以大量的三维模型照片及重要建筑类型的三维动画。本书适用于影视美术设计、舞台美术设计、环艺设计及古代建筑初学者，以及初步从事古代建筑设计与研究者学习与参考。

图书在版编目（CIP）数据

中国古代建筑及历史演变/何宝通主编．—北京：北京大学出版社，2010.9
（21世纪全国高校应用人才培养规划教材）
ISBN 978-7-301-17287-2

Ⅰ.①中⋯ Ⅱ.①何⋯ Ⅲ.①建筑史—中国—古代—高等学校—教材
Ⅳ.①TU-092.2

中国版本图书馆 CIP 数据核字（2010）第 101352 号

书　　　名：	中国古代建筑及历史演变
著作责任者：	何宝通　主编
丛 书 主 持：	栾　鸥
责 任 编 辑：	邱　懿
标 准 书 号：	ISBN 978-7-301-17287-2/J・0317
出 版 发 行：	北京大学出版社（北京市海淀区成府路205号　100871）
网　　　址：	http://www.pup.cn
电 子 信 箱：	zyjy@pup.cn
电　　　话：	邮购部 62752015　发行部 62750672　编辑部 62765126　出版部 62754962
印 刷 者：	北京宏伟双华印刷有限公司
经 销 者：	新华书店
	787毫米×1092毫米　16开本　18.5印张　366千字
	2010年9月第1版　2015年5月第3次印刷
定　　　价：	39.00元

未经许可，不得以任何方式复制或抄袭本书之部分或全部内容。
版权所有，侵权必究
举报电话：（010）62752024　电子信箱：fd@pup.pku.edu.cn

河北传媒学院教材编审委员会

主　　　任 李　春
副　主　任 杜惠强　张玉柯　刘福寿　王春旭
常务副主任 张玉柯
编　　　委 （以姓氏笔画为序）
　　　　　　　马海牡　王迎春　王春旭　王祥生
　　　　　　　王福战　卢永芳　李玉玲　李　春
　　　　　　　杜惠强　孙东升　吕志敏　刘志勇
　　　　　　　刘香春　刘福寿　张从明　荆　方
　　　　　　　钟林轩　董孟怀　焦耀斌　檀梅婷

编写说明

教学是高等学校的中心任务，教材是完成中心任务的重要资源。因此，高等学校必须高度重视教材建设，既要科学使用全国统编教材和其他高校出版的优质教材，又要根据本校实际，编写体现学校特点的教材。

河北传媒学院是一所以传媒与艺术为主要特色，文、工、管兼容的全日制普通本科高等院校，多年来学院十分重视教材建设。2010年，学院在迎来建院十周年之际，专门设立了学术著作和教材建设出版基金，用以资助教师编著出版有一定学术价值的学术著作和适合传媒艺术专业教学需要的教材。

河北传媒学院第一批教材出版基金资助项目的申报、评审工作始于2009年，最终从各院系申报的六十项选题中评选出了十项，作为河北传媒学院第一批教材建设出版基金的资助项目和学院建院十周年的献礼工程。这十部教材包括《中国古代建筑及历史演变》、《全媒体新闻采写教程》、《营养保健学教程》、《影视非线性编辑》、《电视制作技术》、《影视剧作法》、《表演心理教程》、《经典电影作品赏析读解教程》、《管理学理论与方法》、《大学生心理健康辅导》。

自2009年5月至2010年4月，各编写组在繁重的教学工作之余分工协作、艰苦劳作，最终得以使这套教材与读者见面。这套教材既渗透着作者的心血与汗水，又凝聚着他们的经验与智慧，更彰显着河北传媒学院的师资水平。她既是精英教育集团领导、河北传媒学院领导与作者智慧的结晶，也是河北传媒学院与北京大学出版社合作的成果。她既可用作普通高校相关专业学生的教材，又可用作传媒与艺术工作者进修提高的学习资料和有关专家学者开展学术研究的参考书。我们相信，这套教材必定能够给广大学生和专家学者带来有益的启示和思考。

河北传媒学院教材建设出版基金项目的设立与第一批教材建设基金资助项目教材的出版，得到了精英教育传媒集团总裁和董事长翟志海先生、首席执行官张旭明先生、总督学邬德华教授等的大力支持，在此表示衷心感谢。

由于时间仓促，难免有疏漏乃至错误之处，期望各位读者、专家、学者提出批评指正。

河北传媒学院教材编审委员会
2010年5月

目 录

序 .... （Ⅰ）
前言 .... （Ⅲ）

第一篇　中国清代官式建筑

第一章　中国古代建筑特点 .... （3）
　　第一节　中国古代建筑特点 .... （5）
　　第二节　清代建筑则例注释 .... （13）
第二章　平面构成 .... （19）
　　第一节　平面构成法则 .... （21）
　　第二节　院落的几种形式 .... （22）
第三章　基座 .... （27）
　　第一节　基座的结构与制作方法 .... （29）
　　第二节　基座高、面阔、进深的计算方法 .... （30）
第四章　斗栱 .... （33）
　　第一节　斗栱的功能与类别 .... （35）
　　第二节　斗栱主要构件名称及尺度 .... （38）
　　第三节　几种斗栱构件组合程序 .... （53）
第五章　柱、梁、枋、檩桁 .... （63）
　　第一节　柱 .... （65）
　　第二节　梁（柁） .... （69）
　　第三节　枋 .... （75）
　　第四节　檩桁 .... （79）
第六章　板、椽、连檐及其他构件 .... （81）
　　第一节　板 .... （83）
　　第二节　椽及连檐 .... （84）
　　第三节　其他构件 .... （86）
第七章　翼角造型结构 .... （89）
　　第一节　翼角的形成 .... （91）
　　第二节　老角梁、子角梁 .... （91）
　　第三节　窝角梁、递角梁、翼角椽 .... （95）

第八章 几种常见的古代建筑形式 ·········· (97)
   第一节 硬山式建筑 ·········· (99)
   第二节 悬山式（挑山）建筑 ·········· (107)
   第三节 庑殿式（五脊式）建筑 ·········· (109)
   第四节 显山式（歇山式）建筑 ·········· (112)
   第五节 其他形式建筑 ·········· (113)

第九章 攒尖式建筑 ·········· (117)
   第一节 无斗栱单檐四角攒尖亭 ·········· (119)
   第二节 无斗栱单檐六角亭 ·········· (121)
   第三节 无斗栱单檐八柱圆亭 ·········· (122)
   第四节 无斗栱重檐四角亭 ·········· (123)

第十章 牌楼、门类、游廊、影壁 ·········· (125)
   第一节 牌楼 ·········· (127)
   第二节 门类 ·········· (131)
   第三节 垂花门、游廊 ·········· (133)
   第四节 影壁 ·········· (136)

第十一章 中国古代建筑装修 ·········· (141)
   第一节 外檐装修 ·········· (143)
   第二节 内檐装修 ·········· (151)

第十二章 油漆与彩画 ·········· (155)
   第一节 油漆 ·········· (157)
   第二节 和玺彩画 ·········· (160)
   第三节 旋子彩画 ·········· (163)
   第四节 苏式彩画 ·········· (166)
   第五节 其他构件的彩画 ·········· (168)

第二篇 中国古代建筑历史演变

第十三章 原始社会时期建筑
      （公元前六、七千年至公元前21世纪） ·········· (173)
   第一节 河姆渡文化 ·········· (175)
   第二节 仰韶文化 ·········· (175)
   第三节 龙山文化 ·········· (183)

第十四章 奴隶社会时期建筑
      （公元前21世纪至公元476年） ·········· (185)
   第一节 夏、商时期建筑
        （公元前21世纪至公元前11世纪） ·········· (187)
   第二节 西周、春秋时期建筑
        （公元前11世纪至公元前476年） ·········· (189)

第十五章　封建社会前期建筑
　　　　　（公元前 475 年至公元 589 年） ………………………………………………… (193)
　第一节　战国时期建筑
　　　　　（公元前 475 年至公元前 221 年） ……………………………………………… (195)
　第二节　秦朝建筑
　　　　　（公元前 221 年至公元前 207 年） ……………………………………………… (198)
　第三节　两汉、三国时期
　　　　　（公元前 206 年至公元 280 年） ………………………………………………… (199)

第十六章　封建社会中期建筑 ………………………………………………………………… (227)
　第一节　隋朝
　　　　　（公元 581 年至公元 618 年） …………………………………………………… (229)
　第二节　唐朝
　　　　　（公元 618 年至公元 907 年） …………………………………………………… (231)
　第三节　宋、辽、金时期建筑
　　　　　（公元 960 年至公元 1279 年） ………………………………………………… (244)

第十七章　封建社会后期建筑
　　　　　（公元 1279 年至公元 1911 年） ………………………………………………… (259)
　第一节　元朝建筑
　　　　　（公元 1279 年至公元 1368 年） ………………………………………………… (261)
　第二节　明朝建筑
　　　　　（公元 1368 年至公元 1644 年） ………………………………………………… (265)
　第三节　清代建筑
　　　　　（公元 1644 年至公元 1911 年） ………………………………………………… (268)

参考文献 ……………………………………………………………………………………… (277)

序

  我认识何宝通先生是在 1994 年，当时他作为大型电视剧《三国演义》的总美术师，正在涿州影视城建"铜雀台"，请我去参观、指导。我原以为影视或舞台美术师只是搭搭景，做"假建筑"，没想到他搞起真建筑来，铜雀台设计得不仅具有汉代建筑历史特点，而且他画的施工图也比较规范，符合建筑施工要求。

  何先生影视美术创作与教学一肩挑，除教"影视美术设计"外，还教"建筑"课，数十年创作与教学实践，使他在中国古代建筑和古代建筑史方面具有相当的研究。

  时隔十六年，何先生送来他近期写的一部书《中国古代建筑及历史演变》，请我指导、征求意见。

  这是一本有关中国清代建筑及建筑史知识较全面的著作，除木作外，还有砖瓦作、石作、油漆彩画作等内容；而且除二维图例外还附以大量的模型照片及重要构件、重要建筑类型的三维示例，适合影视美术设计、舞台美术设计、环艺设计及古建初学者、初从事古建设计和研究者学习与参考。

杨鸿勋
2010 年 4 月 2 日

前 言

  我从事影视美术教学和影视美术创作四十多年，虽然中间曾任一段副院长行政工作，但一直未脱离专业。1959年我考入北京电影学院美术系，学电影美术设计专业。电影美术是门综合性的造型艺术，或说是门边缘造型艺术学科，它与多种造型艺术门类联系紧密，如绘画、雕塑、建筑等，曾有人把电影称作"活动的绘画、活动的雕塑、活动的建筑"。所以我上学时建筑课作为一门专业基础课设置，那时请清华大学建筑系的周维权老师讲这门课。当时这门课由于课时少，老师对中国古代建筑这部分只能作了一般的介绍。学习期间，由于对电影美术不甚了解，没有实践经验，也不太重视建筑课，所以在校期间对此门知识掌握仅限皮毛。工作后第一部戏就跟中国古代建筑打上了交道。那部戏的主要场景都是人文景观，西南地区的明清古建筑。当时无论内景设计，还是外景设计，都遇到古建的造型问题、结构问题、尺度问题。心里没数，只好到生活中去寻找相应的古建，对建筑的形象、结构、部件用笔画出来，用尺子测量数据。这时才真正感悟到古建知识对影视美术师的重要性，才真正知道它的分量有多重。

  毕业留校后，系里规定每位教员除教主课设计课外，还需备一门专业基础课，如制图、透视、置景、建筑等，我选择了建筑课。开始了对建筑，重点是中国古代建筑的学习和研究。后来我参加的影视创作基本都是历史戏：《末代皇帝》、《一代妖后》、《三国演义》、《戊戌风云》、《火烧阿房宫》等，与古建结下了不解之缘。

  退休后在河北传媒学院任教，还是教影视美术设计和建筑这两门课。学生毕业了几批，毕业后从事环艺设计的较多，有的同学工作中涉及古建，遇到了难题，常来向我询问、请教，使我更感到古建这门课的重要性。

  去年河北传媒学院决定出一批教材，作为建校十周年的献礼，各院系共上报六十部题材，终选十部，我编写的《中国古代建筑及历史演变》为其中之一。

中国古代建筑是我国的瑰宝,它在世界建筑史上独领风骚。无论从影视美术设计的角度,还是从挖掘、继承建筑文化遗产的角度,写一本较为通俗的、全面介绍中国古代建筑的书,总是有一定的意义。

我编写这本书的初衷,是为初入影视美术、舞台美术圈的年轻人编写学习参考材料,有两方面思考:首先,这是一本中国古建内容较全面的通俗教材,主要内容除木作外,还有砖瓦作、石作、油漆、彩画作等各方面的基本内容,使读者较全面地了解中国古建的知识;其次,从我的老本行影视美术场景创作出发,写进了我国古代建筑的历史演变,各个历史时期的古建特点,把所收集的各个历史时期资料,文字的、形象的,特别是形象资料,尽可能地利用上,这些素材对于影视美术、舞台美术创作极为有用。比如汉代部分,用的篇幅最长。因为我国的古代建筑,地面上保存实物最多的是明清建筑,此外还有为数不多的宋、辽、金、元建筑,唐代建筑仅有几座,较远的古建资料可能首属汉代了。汉代古建筑虽无实物可考,但文字资料,出土的汉明器、汉墓壁画、汉画像砖、汉画像石所提供的汉代建筑形象极为丰富,北京、河北、河南、陕西、上海等地博物馆都有大量收藏,所出版的有关书籍也很多,所以这部分在史中所占比重较大。

影视美术师是某种意义上的建筑师,影视美术师与建筑师早就结下不解之缘。1895年电影诞生,1897年梅里埃尔借鉴了舞台布景,将二维绘画应用到电影美术;真正使电影美术脱离二维布景,转变为立体构筑场景的是建筑师卡米洛·莫洛桑蒂,1913年,他所设计的电影《卡比利亚》,使电影美术步入正轨。他把建筑的知识完全移用到电影美术中来,使这部影片美术设计达到了一个新的高度。这部影片在电影美术发展史上具有划时代的意义,美术原有的绘画形式,已脱胎换骨,抛弃了平面,构筑了立体空间,适应了电影运动的本性,为电影美术的发展开辟了一条正确的途径。

就我理解,影视美术师与建筑师的关系既有不相同之处,又有相同之点,概括起来,两者之间的同异可归纳为以下几个方面。

其一,建筑师设计建筑相当于影视美术师的人文场景设计,人文场景设计的主要内容是:一是建筑,二是道具。从建筑设计这点上看两者是一致的,是共同的。但设计的出发点不同,搞建筑设计的出发点主要是从功能出发,为居住设计住房,为工厂设计车间,为娱乐设计剧场,若是住宅设计,要考虑是平房,还是楼房?是多户住的塔楼,还是独门独户的别墅?而影视美术师在设计时,不仅要考虑它的功能,更重要的是考虑"人物"和"戏"。特定人物是影视美术师设计的着眼点。什么人使用,要表现什么人,要根据特定人物进行场景设计。人物身份、人物性格、人物爱好等,要根据特定人物,设计特定环境,用特定环境表现特定人物。影视美术师的创作,主要研究人与物的关系,通过人,研究物,通过物的设计来表现人,而这里说的"人物"不是一般意义抽象的人,而是剧中特定的人物。戏,就是故事情节,根据戏的需要来设计,戏需要什么,设计什么,与戏无关的皆可舍去。这两者是影视美术师创作的焦点、着眼点,也是对美术师创作构思是否活跃、信息量掌握的多少、知识领域涉及的宽窄、艺术修养的高低、创作经验的丰富与否的考验。这是影视美术师与建筑师在设计时的第一个同异。

其二,建筑师都是当代的建筑师,他的设计是为当代人服务的,与时俱进,他所设计的建筑风格、样式,与所处时代总风格是一致的、协调的,他服务的对象是当代人;影视美术师的创作,是依据剧本,故事写的是现实生活,他设计的环境风格是当代的,故事是历史题材,可能是明清的、辽金的、唐宋的、秦汉的甚至远古的原始社会,也可能是未来的、科幻的。衡量影视美术师创作的一个重要标准,行话叫做"时代感",是表现的哪个时代,时代感强不强,他的作品风格必须符合故事规定的特定历史时代。对建筑史的研究和掌握对于影视美术师尤为重要,可能胜过一般的建筑师。这是影视美术师与建筑师设计时的第二个同异。

其三,建筑师的建筑设计,是百年大计,真材实料,来不得半点马虎,所以离不开力学、材料学。影视美术师是为拍摄影视而设计建筑,根据拍摄需要,美术师设计的建筑可大可小,平面布局和立面结构可与生活中建筑不同甚至夸张变形。它要符合戏的需要,符合场面调度的需要,符合拍摄要求,设计搭建的场景要适应镜头的要求、运动要求,不适应的就能马上拆掉,若需要,又能马上恢复,真建筑解决不了这个问题,美术师搞的假建筑才能适应。建筑师才是真正的建筑师,美术师是带括号的建筑师、"假建筑师",美术师设计的不是实际意义上的建筑,只是"搭景",作假建筑,"以假代真",但要做到"以假乱真",虽是假的,要做到在特写镜头面前能骗过观众的眼睛,让他们信以为真,当然有时也用生活中真实建筑来拍,真真假假,让观众真假难辨。笔者1985年拍电视剧《末代皇帝》,有一次香港大导演李翰祥去摄影棚参观,当时正拍后寝宫的戏,也就是在搭建的"养心殿"后寝宫场景里拍戏，李导演进去一看，景的制作吸引了他，就走到栏杆罩前小心地用手去敲，然后笑笑说："是假的！"（当然他知道是假的，只是对我们仿真成功的一种诙谐赞叹。）对影视美术师来说，"骗术"越高，你的艺术、技能越强。美术师要表现的建筑，无论它是砖材料、钢筋混凝土材料、石材料，还是各种新兴材料的建筑，所用的主体材料都是木制的影片，所以美术师不研究力学、材料学，古建中的大木节点都用卯榫，而美术师搭景，不用卯榫，只用铁钉，拍完戏就拆，不需保存。

所以本书初稿未涉及卯榫问题，后来考虑本书仅面对影视美术、舞台美术圈，服务面过窄，不如加上这一部分，使之对初入古建工作者、园林工作者、古建维修工作者、装修工作者也有一定的参考价值，于是写成现今版本。

其四，为便于读者对文字的理解，除结合文字附有一些二维图以外，还附一些三维模型照片和部分动画，这可能也是本书与其他此类书不同之处，也可说是一种创新。

另外，本书所涉及的内容基本都是前人研究的成果，本人只是根据需要加工、整理。

建筑是一门具有时间和空间的庞杂工程，是一门大的学科。空间上充满全球，世界各国的建筑都不相同，我们国家的建筑，东西南北也各有差异，汉族和各少数民族有不同的建筑风格，大到一个城池，小到一间房舍，类型从宫殿到民居，从商场到铺面，从戏院到剧场，从车间到库房，从机场到车站，从指挥所到碉堡工事，无不是建筑；从时间上，我国从原始社会，到夏、商、周，经西、东汉，到魏、晋、南北朝，从隋、唐到宋、辽、金，最后至元、明、清，直至今日，各不相同。历史越往前推，地面上保存的古建筑越少，我们国家地面上保存最早的是唐代建筑，也就三四件作品。就我所知的，佛教建筑有五台山的佛光寺、南禅寺，西安的大雁塔，至今尚未发现唐代的民居实物。越往前推，我们掌握的资料越少，特别是实物形象资料。所以，我把中国古代建筑的重点放在清代的古建筑上。清代建筑是我国古代建筑发展的最后一个繁荣期，它是在继承前朝建筑的基础上发展而来的，并形成自己特有的风格。研究清代建筑有很多有利条件，清代建筑在我国各地或多或少都能找到实物，北京完好地保存下明清两代的皇宫建筑、皇家太庙、皇家祭祀场所，还有一批清代王府建筑，民居保存好的也能找到一些，便于我们参照；清代建筑文献如清工部《工程做法则例》也能查到参考；老工匠、老艺人、老专家学者健在，这些宝贵的财富为我们研究清代建筑提供了可靠的保证。

随着岁月的推移、时代的发展，中国古代建筑包括清代建筑越来越少，保存在地面上的古代建筑是我们宝贵的精神财富、物质财富和文化财富，我们有责任把它们保护好，传给我们的子孙后代。同时我们还可以看到，随着改革开放，中国古代建筑越来越被中外游人青睐，"越是民族的，就越是世界的"，这句名言越来越被证实。自新中国成立以来中国古代建筑从来没有像今天这样被人们重视过。一些旅游景点大兴古建土木，一些高中档宾馆也都以传统的装修招揽宾客，甚至传统装修也走入普通百姓人家，所以研究清代建筑是我们的重点课题。

另外，掌握了清代建筑的结构、尺度、风格、样式，有助于我们对我国古代各个历史时期建筑的研究，可以触类旁通。清代建筑是一把尺子，是重要的参照物，有参照才有对比，有对比才有识别。

本书自去年6月动笔至脱稿，不到十个月的课外时间，完成这样一部著作难度实在太大。我负责文字编写，苗祥俊、周鹤两位老师负责二维图例、三维模型照片，我们分工不分家，文中有图，图中有文，配合默契，合作愉快，否则难以完成。

在编写中得到美术学院院长钟林轩教授与动画教研组郑仲元老师的支持与帮助，在此表示感谢。

特别是中国古代建筑史学界的著名专家杨鸿勋老先生，八十高龄，还能在百忙中抽出时间给予指导、提供资料，使本书得以修正与提高，在此表示由衷的感谢。

由于时间仓促，错误、纰漏、不足之处难免存在，渴望古建界的前辈、专家、学者及广大读者批评、指正。

何宝通

2010年8月12日

第一篇　中国清代官式建筑

第一章
中国古代建筑特点

—— ◦ 本章提要 ◦ ——

本章主要讲述中国古代建筑的特点：中国古代建筑蕴藏着深厚的文化底蕴，烙印着传统的礼仪道德观念，寄托了人类的美好愿望；建筑平面布局讲中轴线、讲中正、讲方位、讲对称；讲尊卑、讲高低、讲上下、讲正偏、讲主从，这是传统的封建等级观念的体现。

中国古代建筑自下而上分为三大部分，它由基座、柱梁架和屋面组成，建筑的主体是木构架：抬梁结构、穿斗结构、杆栏结构、井干结构、大叉手结构（人字架）

中国古代建筑具有独特的设计与施工；建筑类别往往以屋面的形式划分类型，以屋面造型命名建筑样式，并赋予高低、尊卑等级区分。

最后介绍在清工部《工程做法则例》中的专业名词、术语。

第一节　中国古代建筑特点

建筑，不是天生的自然产物，而是人类生存、发展、进化的产物，随人类诞生而诞生，发展而发展。人类之始，或住在树上，或居于洞穴，依赖于天然，利用天然条件生存。古书《韩非子·五蠹》记载："上古之世，人民少而禽兽众，人民不胜禽兽虫蛇，有圣人作，构木为巢，以避群害。"我国古代工匠、劳动人民经过几千年的劳动，经验积累，以他们的聪明才智，发明创造，成功地完善了一种建筑体系，为人类文明作出了杰出的贡献。这在世界建筑史上独树一帜，成为独一无二的建筑类型，并对亚洲的朝鲜、韩国、日本等国产生了深远影响。至今这些国家还保存着很多受中国唐代建筑影响的古代建筑。如日本的古代建筑有三种类型：神明造建筑、和样建筑、唐样建筑。所谓唐样建筑就是唐代建筑。现今奈良保存下来的著名古代庙宇"招提寺"，便是唐样建筑，从其造型到梁架结构，都是典型的中国唐代建筑风格。

中国古代建筑有自己一套完整的设计思路、设计理念、设计方法，自成体系，与西方或其他建筑体系截然不同。无论是设计思考的着眼点、设计时使用的工具、工程施工的方式方法上、使用的建筑材料上，还是在平立面构成上、造型风格样式上、结构上、装饰上都有自己的独到之处，形成了一套完整、独特的建筑体系，它区别于任何其他国家的建筑，以自己特有的文化内涵树立于世界建筑之林。其特点有以下几个方面。

一、中国古代建筑的文化底蕴

中国古代建筑蕴藏着深厚的文化底蕴，烙印着传统的礼仪道德观念，寄托了人类的美好愿望。中国古代建筑平面布局讲中轴线、讲中正、讲方位、讲对称，无论古都长安还是明清的都城北京，平面布局都以中轴线，方正的原则为依据。比如以明清北京为例，明朝的北京是在元大都的基础上改建和扩建的，北城墙向南移迁了五华里左右，基本成为东西略长的方形，后又在城南加筑外城，形成凸字形平面。实际上是北面的一个方形加南面的一个长方形（如图1-1所示）。

旧时北京的重要建筑都建置在南北中轴线上，中轴线的南端是外城的永定门，途经内城的正阳门、大明门进入宫城的天安门、端门、午门、太和门、太和殿、中和殿、保和殿、乾清门、乾清宫，出宫城北门的神武门便是景山之巅的万春亭，而后至皇城的北门地安门，再最北端便是鼓楼和钟楼。这些重要建筑都设置在一条笔直的南北中轴线上，犹如人的脊柱，上通大脑，中枢神经贯穿其中，所以被尊重。

方正就是平和稳定，这是人类追求的理想目标；中国古代建筑讲尊卑、讲高低、讲上下、讲正偏、讲主从，这是传统的封建等级观念的体现。在传统的理念里，北为正、为尊、为上、为主；东西为偏、为辅，次之；南为卑、为低、为下，宫廷的重要殿堂都坐北朝南。

在中国建筑的内外装修中，往往以各种石雕、砖雕、木雕、彩画为载体，用文字、图案、动物、植物、自然景物的造型，以假借、寓意、谐音等手法，寄托人类对吉祥、和平、幸福、美好的追求与向往。比如把万字、柿子、如意组合在一起，象征"万事如意"；把大

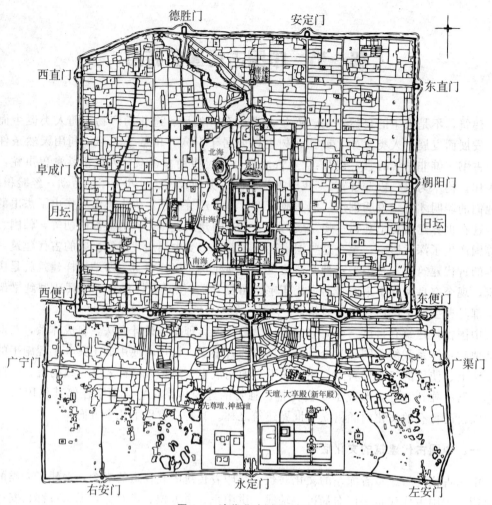

图 1-1　清代北京城平面图

象和宝瓶组合在一起，象征"太平有象"；把蝙蝠和寿字组合在一起，象征"五福捧寿"；把梅花和喜鹊组合在一起，象征"喜上眉梢"，诸如此类，不胜枚举（如图 1-2、图 1-3、图 1-4 所示）。

图 1-2　龙凤呈祥

图 1-3　五福捧寿

图 1-4　耕读传家

二、中国古代建筑的结构特点

中国古代建筑自下而上分为三大部分，它由基座（如图1-5所示）、柱梁架和屋面组成。西方建筑无论是古希腊，古罗马还是伊斯兰建筑，一般没有这种基座，基座是中国建筑不可缺少的组成部分。基座分为地上与地下两部分，地上部分称做台基露明，它是一种高出地面的台子，是建筑物的底座。在我国，基座很早就有了。《韩非子》一书记载："尧堂崇三尺"，"第蜡土阶"，是说先主尧住的房有三尺高的土台基和台阶。基座功能，首要的是起建筑物的基础作用、承重作用，加强建筑物的牢固性，同时还起到防潮、隔碱作用。无论墙体以土为建筑材料，还是以砖为建筑材料，这些物质都怕雨水和碱的侵蚀，有了基座，就可以保护墙体，延长建筑的寿命。在造型上，有了它整个建筑便在平面上和立面上产生上下、大小、高低、凹凸变化，富有节奏感，具有艺术魅力，给人以美的享受。

图 1-5 基座

中国古代建筑墙垣是附在柱梁木构架上的，不承受来自屋面的重量，就像人体，肌肉附在骨骼上一样。屋面的全部重量由梁架和立柱承载，墙垣只起包围、隔断作用。而过去西方建筑都是先垒墙，后上顶，顶压在墙体上，墙起承重作用。由于墙支撑屋面重量，所以门窗的大小和位置就不能随便设计安置，否则就会影响建筑的牢固性。而中国古代建筑则不然，由于墙体不承重，门窗的大小和位置便可根据需要随意设计，门窗可大可小，放在什么位置都可以，而且，房屋可根据需要任意间隔。比如三、五开间的建筑，加上隔断或隔断墙，就变成三、五个小间，不加隔断或隔断墙，就成为一个大间；明间前后檐不加墙，便可作过厅、穿堂；四面不加墙便可作凉亭；只设门不加窗便可作仓库。所以中国古代建筑在功能上，便于加工改造，灵活使用。中国建筑木构架的节点安装，别具一格，大木的安装与衔接只使用卯榫，不用铁钉，不用金属，具有很强的伸缩性、韧性，抗震性强，素有"墙倒屋不塌"的美誉。山西应县佛宫寺释迦木塔，高达67.3米，历经近千年，几经地震，仍完好地屹立在大地上。中国古代建筑另一特点是大屋檐，屋面檐出大，明清建筑的上檐出为檐柱高的1/3，五台山保留下的"佛光寺"上檐出更大，檐柱高与上檐出的比为2.5∶2。庑殿式、显山式（歇山式）四面出檐，硬山式、悬山式前后出檐，大屋檐不仅在艺术上造型美观，独具特色，而且，它有效地防止雨水冲刷、侵蚀，使墙垣、基座得到很好的保护。由于屋檐伸出很远，便产生出一种独特的建筑构件——斗栱，它是中国古代建筑特有的构件，支撑着远伸的大屋檐，同时也给人一种造型上美的享受。中国古代建筑凡是重要建筑，如宫殿、庙宇和具有纪念性的建筑，都离不开它。

三、中国古代建筑的脊梁——木构架

中国古代建筑的主体是木构架，它是中国古代建筑的脊梁。由于地理条件、气候条件、自然物质条件及文化习俗的不同，我们的前人创造并完善了五种不同形式的梁架结构。

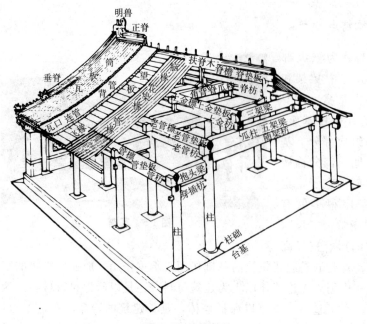

图 1-6　抬梁结构

1. 抬梁结构

抬梁结构（如图 1-6 所示）是由前后立柱顶着上下一至多层不同大小的梁，梁与梁之间由短柱支撑，梁的两端和最上层梁背部的脊瓜柱直接承负着檩桁，檩桁再承负着屋面重量，这种组合成的梁架称做"抬梁结构"，这种梁架方式以北方建筑使用较多。由抬梁架结构建成的房屋，进深空间大，通面阔可形成最大的使用空间。但梁柁、柱需要大的木材制作。

2. 穿斗结构

穿斗结构（如图 1-7 所示），每一根柱直接顶着一根檩，柱与柱之间由穿带联结，使之成为一个整体。其优点是节省梁用的大料，柱径也不需要太粗。这种梁架结构建筑多见于江南各省，特别是四川省尤为流行。缺点是一栋数间房，每缝立柱密集，横向不能形成统一的大空间。

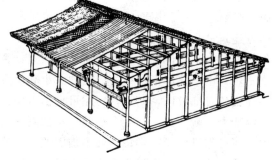

图 1-7　穿斗结构

3. 杆栏结构

杆栏结构（如图 1-8 所示）的特点是用柱支起一米多高的平台，再在台上建房。此种结构盛行于江南，南方雨水多、潮湿，且虫蛇多，此建筑优点是住房与地面相隔一定的距离，能防止潮湿，防止蛇虫猛兽侵害。因此南方少数民族多采用此种结构的建筑，如傣族、苗族。

图 1-8　杆栏结构

4. 井干结构

井干式结构建筑（如图1-9所示），就是四面墙体全由原木垒叠而成，平面投影像个井字形。此种建筑常见于我国东北林区和西南林区，俄罗斯西伯利亚农村此种建筑最为流行。此种结构建筑制作简单容易，但需要大量的木料，就连屋面也用木料制作。

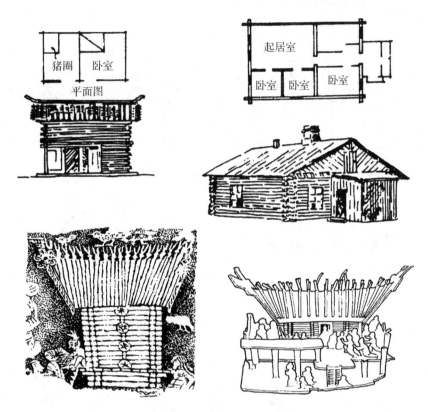

图1-9 井干结构

5. 大叉手结构（人字架）

此种梁架结构由前后檐柱、中柱和两根十字交叉的斜梁组成，下端梁头搭在前后檐柱上，上端梁头搭在中柱上，檩桁搭在斜梁上（如图1-10所示）。大叉手结构一般多用于屋面较轻或跨度较小的建筑，在我国历史悠久，可以追溯到秦汉甚至更久远，但到明清时期就较少见了，山东胶东一带农村仍保留着此种结构建筑。

四、中国古代建筑特有的设计与施工

中国古代建筑设计时，一般不画图纸，带斗栱的大式建筑有时画简单的"侧样"，即梁架的侧立面图。每个部构件的造型都已定型，每一构件规格、尺寸都用固定"模数"换算。

早在春秋时期，我国已有了《考工记》一书，对当时的建筑已有记载。到了宋代我国建筑界有了《木经》和《营造法式》两书，特别是《营造

图1-10 大叉手梁架结构

法式》一书，成为当时的建筑法典（如图1-11所示）。它搜集并总结了前人的建筑施工经验，对各工种的用料、样式、计算方法都作了明确的规定，使之规范化、标准化。比如大木作，规定了"材"，把材的尺寸大小分成八种规格，按建筑的等级、规格大小、功能用途等需要，决定使用哪一种规格的"材"，设计省时，用料适当，工料标准统一，保证了建筑的风格样式（如图1-12所示）。

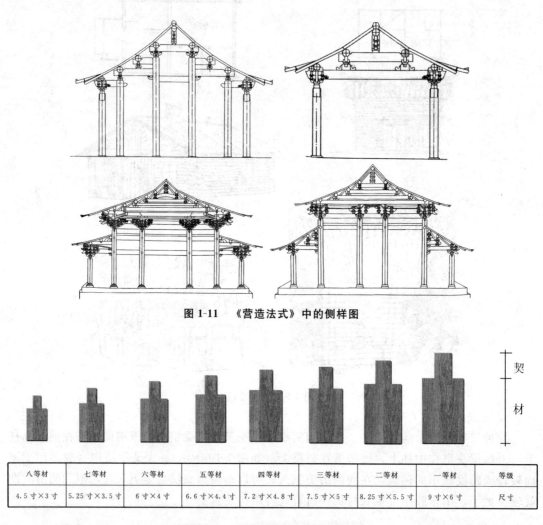

图1-11　《营造法式》中的侧样图

八等材	七等材	六等材	五等材	四等材	三等材	二等材	一等材	等级
4.5寸×3寸	5.25寸×3.5寸	6寸×4寸	6.6寸×4.4寸	7.2寸×4.8寸	7.5寸×5寸	8.25寸×5.5寸	9寸×6寸	尺寸

图1-12　《营造法式》中的材契尺寸

到了清朝雍正十二年，清工部出台了《工程做法则例》，它便成为当时建筑的法典。在这部法典中，对当时建筑规定了两个等级标准，即大式建筑与小式建筑；对两种建筑设计的标准、模数作了明确的规定，大式建筑以"口分"（斗口）为模数标准，小式建筑以檐柱"柱径"为模数标准。也就是说大式建筑无论面阔、进深、柱高与其他一切构件，都以斗口为模数，是斗口的多少倍，或斗口的几分之几。比如规定，柱径为6个斗口，柱高60～70斗口；小式建筑，以檐柱的底径为模数标准。又如规定，檐柱柱高为11～13柱径（如图1-13所示）。

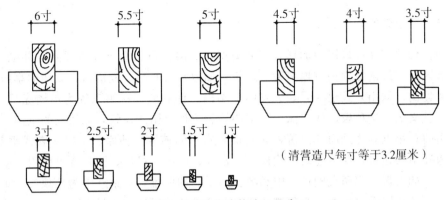

图 1-13 清代建筑斗口尺寸

中国古代建筑施工,一般不靠图纸,而用"杖杆",俗称排杖杆。所谓杖杆,相当于一把大的尺子,是一根由不易变形的木料,四面刨光,做成截面见方的长尺。杖杆又分总杖杆和分杖杆两种,总杖干截面为二寸见方,分杖杆截面为一寸见方。排杖杆前,工头们根据《工程做法则例》规定,以斗口或柱径为模数,一起对建筑物的面阔、进深、柱高等尺寸数据反复核算后,再把它刻在杖杆上,用它来排尺(如图 1-14 所示)。建筑物的面阔、进深、柱高及出檐,分别刻在总杖杆的四个面上,其他构件的尺寸刻在分杖杆上,工头用它来画线、施工。

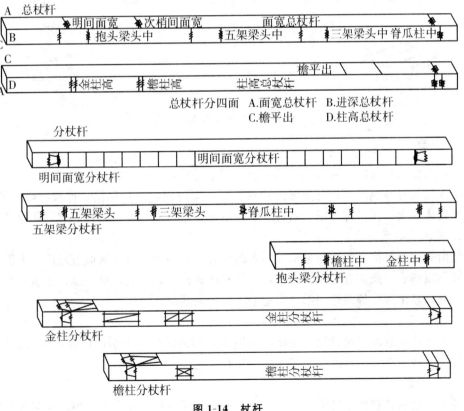

图 1-14 杖杆

五、古代建筑类别

中国古代建筑往往以屋面的形式划分类型，以屋面造型命名建筑样式，并赋予高低、尊卑等级区分。最高级别为重檐庑殿式建筑，如故宫太和殿、乾清宫、太庙的享殿等；第二为重檐显山（歇山）式建筑，如天安门、端门、保和殿等；第三等为单檐庑殿式建筑，如故宫的弘义阁、华英殿、体二阁等；第四等为单檐歇山式建筑，如故宫的东西六宫、一般庙宇山门；第五等为悬山式建筑，如北京太庙中的神厨、神库、一殿一卷式垂花门等；第六等为硬山式建筑，此种建筑用途最广，宫廷、庙宇、民居、园林皆可使用；第七等为四角攒尖，如故宫午门两端阙楼、中和殿、国子监的辟雍等；第八等为盝顶式建筑，如故宫御花园中的钦安殿；第九等为卷棚式建筑，此种建筑民居中也最常见。

下面将以上建筑类型分别作以介绍（如图1-15所示）。

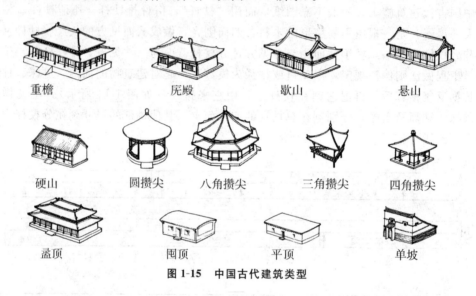

图1-15　中国古代建筑类型

1. 庑殿式（四阿式、五脊式）

庑殿式建筑具有四个坡面，一条正脊与四条戗脊，共五条脊，有单檐、重檐之别，重檐庑殿式建筑等级最高。只有皇家宫殿或庙宇才能使用，它是皇权、神权、政权的象征。庑殿建筑体量大、用材好、做工精良、装饰豪华，给人以庄严、肃穆、辉煌的感觉。

2. 显山式（歇山式、九脊式）

显山式建筑很像庑殿式与悬山式两者的结合体，屋顶上部是两面坡悬山，下部是四面坡庑殿，顶部有一条正脊，四条垂脊，下部有四条戗脊，共九条脊，显山建筑也有单檐与重檐之分，显山重檐等级位列第二，造型既庄严又活泼。

3. 悬山式

悬山式建筑有前后两坡顶，与硬山很接近，只是屋面挑出山墙以外，山墙结构简单，没有硬山山墙那么复杂，山墙与屋面不衔接在一起。

4. 硬山式

硬山式建筑是较为常见的一种形式，屋面有前后两坡，左右梢间檩桁梁架被封护在山墙以内，从外观上看，山墙自地面到屋顶形成山尖形，左右两山墙直砌到顶与屋面相交，看不见山缝梁架结构。

5. 攒尖式

攒尖式建筑屋面自四周向中间集中，形成一个尖顶。攒尖种类很多，有三角攒尖、四角攒尖、五角攒尖、六角攒尖、八角攒尖、圆形攒尖等。

6. 盝顶式

盝顶式建筑屋面中间为平顶，四周各有短的坡面，造型如古代盛印玺的盒"盝"，故称盝顶。

7. 卷棚式（元宝顶）

卷棚式与硬山式建筑形式很接近，两坡顶，山墙直砌到屋面，与屋面结合在一起，只是脊部不成硬角，而是浑圆形。

8. 囤顶式

此种形式建筑多见于北方农村，屋面中间微微向上拱起。

9. 勾联搭式

此种建筑好像是两个或多个硬山或悬山连在一起，前一建筑后檐与后一建筑前檐相接，侧面看像一座山峰连着一座山峰。其目的是加大建筑进深，减小屋面坡度和长度。

10. 平顶式

此种建筑没有坡面，屋面接近水平，河北农村较多，粮食下来常晒在房顶。

11. 单坡式

单坡式建筑屋顶只有前面一个坡面，似乎一座硬山建筑自脊部劈开，一分为二。此种建筑河北西部、山西、陕西较多。

六、古代建筑的称谓

中国古代建筑各部位、各构件都有具体的固定称谓，《中国古代建筑词典》收集了两千八百多条词汇，实际使用更多，有些词汇名称乍听很费解，实际都有出处、有依据，或象形、或联想，只要理解了便不难记忆，比如大式建筑中的斗栱部件中的"斗"，是指整攒斗栱中最底部的大方块木，因其形象像过去量具中的"斗"，故称为斗；而栱两端的小方木，其形象如过去量具中的"升"，故称为升。由于时代更替，区域差异，个别部件有不同称呼，但大多数是一致的。

第二节 清代建筑则例注释

在清工部《工程做法则例》中，有很多专业名词、术语，这些名词术语是建筑物各部位之间、各构件之间的相互关系，尺度比例关系，它不仅保证了各个构件符合力学上的要求，而且保证了建筑风格的统一。在以后的讲述中经常用到，为了以后讲述方便，首先对经常出现的，经常用到的名词术语作以注解，为今后讲述做铺垫。

一、大木作与小木作

中国古代建筑自原始建筑起直至明清时期建筑，建筑的主要原材料是木料，它在整个建筑中的比例占绝对优势。由这些木料所做成的各种建筑构件，根据其性质、功能不同而分为大木作和小木作两种。所谓大木作，就是建筑中的梁架结构，如：柱、梁、枋、斗栱等皆为大木作；而各种装饰、装修部分，如：门窗、隔扇、挂落、天花等皆为小木作。

二、大式建筑与小式建筑

中国古代建筑根据建筑物使用的性质、建筑的形式、规模体量的大小、质量的高低，又分为大式建筑与小式建筑两种。它们之间的区别：

1. 大式建筑往往用于宫殿、庙宇、府衙和上层社会人士的宅院；小式建筑用于一般居民住宅、铺面或作其他杂用。

2. 大式建筑一般体量大，比如梁架规模，大式正身可用到十一架梁，平面用前廊、后廊或围廊，小式正身最多用七架梁。

3. 大式建筑的屋面常使用庑殿、显山、单檐或重檐，也有使用悬山和硬山的；小式绝不能使用庑殿、显山、重檐等形式，只能用硬山、囤顶、平顶等。

4. 大式建筑往往使用斗栱，小式建筑绝不能用斗栱。

5. 硬山建筑也分大式与小式两种，它们的区别如下：

大式硬山建筑的特点有如下几点。

(1) 屋面瓦作，使用琉璃瓦或灰瓦，用筒瓦骑缝，除正脊外，前后檐还使用垂脊。

(2) 檐部用椽两层，檐椽和飞椽（飞子）。

(3) 正脊两端饰正吻，垂脊下端饰仙人、走兽。

(4) 一般施用随桁枋、随梁枋。

(5) 一般都使用彩画。

小式硬山建筑的特点有如下几点。

(1) 屋面只用灰板瓦，仰瓦和盖瓦，只有一条正脊，没有吻兽。

(2) 只有一层檐椽。

(3) 不使用檩枋、随梁枋。

(4) 不使用彩画。

(5) 不使用角柱石、阶条石、压线石、挑檐石等。

三、斗口与柱径

斗口也称口分，在带斗栱的大式建筑中，指平身科下面坐斗正面刻口的宽度（头翘或头昂便扣在刻口里，自此伸出），它是大式建筑各构件衡量的模数标准，即某某多少斗口或斗口的几分之几。清工部《工程做法则例》规定，斗口共有十一个等级，最大斗口宽为六寸，最小斗口宽为一寸。相邻斗口宽差距为半寸，从大到小顺序排列为：六寸、五寸五分、五寸、四寸五分、四寸、三寸五分、三寸、二寸五分、二寸、一寸五分、一寸。我们通过檐柱的实例做个换算。

《工程做法则例》规定，檐柱柱高为60～70斗口，柱径为6斗口。我们使用现在的长度单位"米"，定斗口为5公分，那么柱高就是3～3.5米，柱径就是30公分；而小式建筑的尺寸用檐柱底径来衡量（檐柱底径用D表示），它是小式建筑各部件衡量的模数标准，比如，柱径定为30公分，《工程做法则例》规定柱高是柱径的11倍，那么檐柱高为

3.3米。

四、面阔与进深

中国古代建筑平面长方形（矩形）居多，一间房的横向两柱间的距离称为面阔，纵向两柱间的距离称为进深，通常一间房的面阔短进深长。几间房面阔加起来称通面阔，几间房进深加起来称通进深，一般通面阔长，通进深短。面阔的计算是以明间为基础，六、七檩小式建筑，明间面阔与檐柱高的比为10：8，四、五檩小式建筑面阔与檐柱高比为10：7，次间面阔为明间面阔的8/10，其他房间或依次递减，或与次间一致，总之要突出明间的主体地位。

带斗栱大式建筑明间面阔一般由斗栱攒数决定。"凡面阔、进深以斗科攒数而定，每攒以斗口十一份定宽，如斗口二寸五分，以科中分算，得斗科每攒宽二尺七寸五分。如面阔用平身科六攒，加两边柱头科各半攒，得面阔一丈九尺二寸五分，次间收分一攒，得面阔一丈六尺五寸，梢间同，或再收一攒，临期酌定。"以上是《工程做法则例》的规定，但明间斗口攒数必须是双数。

五、步架与举折

1. 步架

在进深方向上，两相邻檩桁之间的水平距离称作步架，廊步架一般最大，卷棚建筑中最上面的顶步架最小，小式建筑中廊步架为5柱径，其他正身步架为4柱径，月梁步架为2～3柱径。

带斗栱的大式建筑一步架一般为4～5柱径。

2. 举折（举架）

中国古代建筑的屋面是由下向上曲线上升的，形成人字形的曲线美。它的形成是由檐檩起，其后每一根檩都比前一根檩要向上垂直举高一定的数据，即自檐檩往内，一根檩比一根檩垂直高度高，这样搭在檩桁上的椽条，自下往上就不是一条直线，而形成曲折，举折一词由此而来（如图1-16所示）。举折的数据是指所举的高度与该步架的长度比，步架为十，举高为五，就是五举；步架为十，举高为九，就是九举。小式建筑五檩四步架，为五举、七举；七檩六步架为五举、七举、九举；大式建筑一般举折为五举、六五举、七五举、九举。举折越大，屋脊越高、越陡，它决定了屋面的造型。反过来，如果根据需要先作出屋面的造型，而后再找每步架举折的数据亦可。

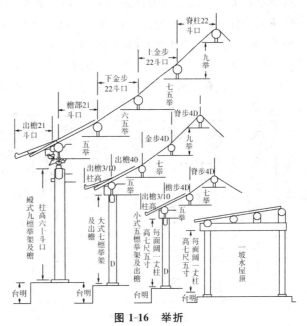

图1-16 举折

六、上檐出、下檐出

上檐出是指出椽外皮到檐檩中的水平距离（如图1-17所示）。无斗栱式建筑上檐出数据，一般为檐柱高的1/3，假如檐柱高3米，上檐出则为1米；若无斗栱大式建筑带有飞椽，则檐椽占上檐出的2/3，飞椽探出部分占上檐出的1/3；带斗栱的大式建筑其上檐出自挑檐桁中到飞椽外皮，为21斗口，其中檐椽平出占2/3，飞椽探出部分占平出1/3。而自挑檐桁至正心桁之间这段水平距离，决定于斗栱挑出的大小，三踩斗栱挑出三斗口，五踩斗栱挑出六斗口，七踩斗栱挑出九斗口。

中国古代建筑底部是基座，上部是屋面，屋面的面积要大于基座的面积，换句话说，屋面要遮住基座，为的是保护基座，不受雨水侵蚀。自檐檩中到基座边沿这段水平距离称做下檐出，下檐出小于上檐出，小出的这部分称做回水，下檐出为上檐出的2/3。

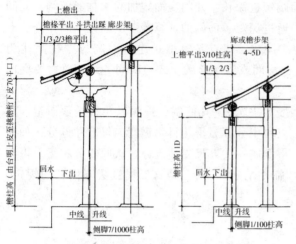

图1-17 上檐出、下檐出、回水

七、收分与柱侧角

中国古代建筑的柱子，除瓜柱等短柱外，无论截面是圆是方，上径与下径不是等同大小的，上径略细一点，下径略粗一点，这种现象称做"收分"。清代的建筑，收分比较小，按规定，大式建筑收分为柱高的7/1000，小式建筑收分按柱高的1/100。假如我们定小式建筑的檐柱柱径为30公分，柱径与柱高的比按1∶11，得柱高3.3米，收分后柱子的上径为26.7公分。为什么要做收分，而不是上下一样粗，古人经过长期的实践，感到收分后的柱子既增加了它的稳定性，同时在造型上又给人以轻盈、挺拔的感受。

中国古代建筑外围的柱子不是完全垂直于地面，它向内侧有点微微的倾斜，这种做法称做"柱侧角"，或称"外掰升"。倾斜的目的是为强化建筑的整体稳定性。只是外圈的柱子有柱侧角，里面的柱子没有，完全与地面垂直。柱侧角的数据也是柱高的1/100，与收分是一致的（如图1-18所示）。

在设计图纸时，平面的尺寸是按柱头平面确定的，而不是按柱脚。建筑平面尺寸确定以后，再按柱高的1/100向外掰出，确定柱脚的实际位置，也就是柱顶石的位置。

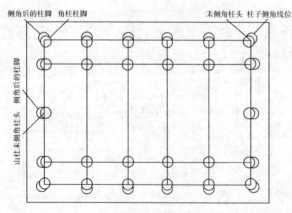

图1-18 柱侧角

思考题

1. 中国古代建筑有何特点?
2. 中国古代建筑梁架结构有几种形式?如何结构?
3. 中国古代建筑常见的有几种形式?
4. 何谓步架与举折?如何计算?
5. 何谓上檐出与下檐出?其数据如何计算?
6. 大式建筑与小式建筑有何区别?

第二章
平面构成

――― ○ 本章提要 ○ ―――

　　本章主要讲述中国古代建筑平面构成法则。单体建筑平面多为长方形，也有曲尺形、圆形、六面形、八面形、凸形、凹形、十字形、工字形，等等，根据需要和条件而定，而宫廷、府第、庙宇和民居，都以院落形式出现，院落以中轴线为构成依据。在一座院落中，一般一栋房的间数为单数，特别是正房，必须是三间、五间、七间、九间、十一间，很少用双数。

　　院落有大有小，有各种不同形式，三合院、四合院、二进院、纵深多进院与横向跨院等，最小为三合院，最大为王府大院。

第二章

平西抗戦

本章說明

第一节 平面构成法则

我国现存古代建筑，清代建筑最多，清代建筑分官式和民间两种。官式建筑无论在等级、样式、规格、尺度、做工上都有严格要求，而民间建筑由于经济条件、地域条件、社会习俗等因素，没有官式那种庄严、雄伟的气势，因而在设计、制作、用材上也没有那么严格，自由灵活得多。实际上官式建筑来自民间建筑，民间建筑也效法官式建筑，两者同源，相互借鉴，相互补充。清工部《工程做法则例》是官式建筑的法典，它对每种建筑的样式、每个构件的大小权衡，都有具体规定，官式建筑必须严格按《工程做法则例》执行。

建筑物无论单体或群体，都有平面和立面，平面是建筑物构成的基础。中国古代建筑平面多为长方形，民居中长方形居多，但也有曲尺形、圆形、六面形、八面形、凸形、凹形、十字形、工字形等等，根据需要和条件而定。一般一栋房的间数为单数，特别是正房，必须是三间、五间、七间、九间、十一间，很少用双数，俗称"四六不成材"（如图2-1所示）。中国《易经》讲阴阳，单数为阳，双数为阴，阳象征着光明、喜庆、发达，是吉祥的象征。中国古代建筑的开间有严格的等级制度，开间越多，等级越高。所以故宫"太和殿"、"太庙享殿"面阔为十一间，是现存的古代建筑间数最多的建筑。除宫殿外，一般建筑面阔不得超过七间。在一栋房中，中间一间面阔最大，称为明间或堂屋，其左右依次称做次间、梢间、尽间。民居中，一般一栋房为三间。有时在正房左右两山墙外，各建一两间小房，称做耳房，它的高、面阔、进深都小于主房，像左右两只耳朵，故称耳房。耳房的门可在前檐开启，亦可在里面开启与主房相通。

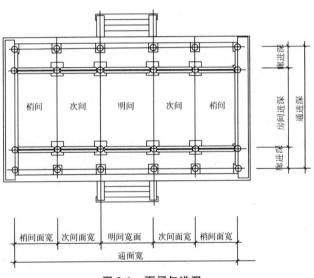

图 2-1　面阔与进深

中国古代建筑房屋以北为正，特别是北方，把北房称为"正房"，"上房"。这与传统中的阴阳五行学说的影响分不开。《周易·说卦》中写道："圣人南面而听天下，向明而治。"意思是说圣人了解、处理天下事时，要面对南面来处理事务。所以宫廷大殿，都坐北朝南，称正殿，也因此正房在院落中地位最高。此外，这也与我国所处的地理位置有关，我国处在北半球，纬度低，阳光大部分时间从南面照入，所以采光面南。北方冬天西北风劲吹，气候严寒，北房能阻挡凛冽的西北风，并能采集阳光，适于居住，故家庭中往往让长辈住在北房，以尽孝尊。中国古代建筑无论宫殿、庙宇、府衙、民宅，都以院落形式出现，它由正房、东西厢房、倒座、院门及院墙组成。中国古代建筑讲中轴线、讲主从、讲尊卑。一院之中，正房最高、最大、最考究，厢房次之，南房亦称"倒座"，地位最低，一般住佣人、雇工。院落中这种房屋大小，高低的处理，使整个建筑群产生高低错落、大小相间、凹进凸出的变化，整个院落造型具有节奏感、美感。

第二节 院落的几种形式

所谓院落就是按照纵轴线和横轴线，由几栋至数十栋房与部分院墙围合成一个封闭的独立空间，或若干个既独立又相通的空间组合而成的大的独立空间。院落往往是家庭居住的基本单元，一家一户一座院落。院落有大有小，有单独的一个院落，有由多个院落组合成的院落，有纵深多重院落，也有横跨多重院落。一个个院落组成街道、村镇和城市。下面介绍几种典型的院落。

一、三合院

三合院是一种比较小而简单的民居院落，属于下层社会老百姓的住房。一般为小式建筑，它常由正房、东西厢房（配房）、院墙和墙垣院门组成一个封闭的院落，没有南房（倒座），由三个方向的房屋组合而成，故称三合院。假如正房是三间，东西厢房一般各为两间或三间，三栋房的平面结构完全按中轴线左右对称的原则布局。厢房与正房的距离，以厢房不影响正房东西次间采光为原则。院门一般开设在院落的东南或西北方向。院落坐落在街道或胡同北面，院门便设在院落的东南角；院落坐落在街道或胡同南面，院门便设在院落的西北角。院门的朝向和位置中国古代建筑中非常讲究，民居宅院临街大门不能设在中轴线上，只能设在院落的东南或西北方向。只有皇宫大门、王府大门、庙宇大门等才能坐北朝南，且允许开设在中轴线上。我国古代尊崇易经八卦，八卦中北为坎、南为离，称之"坐坎朝离"，是最吉祥、最理想的位置。而《周易·易轮坤凿度·立轮坤巽民四门》中写到："巽为风门亦为地户。……万形经日，二阳一阴，无形遁也。风之发泄，由地出处，故曰地户。户者，牖户，通天地之元气。"意思是说，东南方向，在八卦中为巽位，是通风的地方，就像房屋的窗户，可以通天地的元气。人没有气是活不成的，一所住宅在东南方向能通天地之元气，自然吉祥。而西北方向在八卦中为乾位，也是吉祥的方向。若南北街道或胡同，街西面的院落临街大门一般开在院落的东南方向；街道东面的院落，院临街大门一般开在整个院落的西南方向（如图2-2所示）。

二、四合院

这是北京民居中常见的一种院落形式，它由正房、东西厢房、倒座（南房）、墙垣和屋宇式大门组成，与前者相比，多了一栋倒座，院落大门的样式改为屋宇式建筑。正房一般为三间，东西厢房两间或三间，倒座三间，院中地面由砖墁地，屋宇式大门这间门房无论面阔、进深、还是高度，都大于倒座的间量，显得庄严、瞩目（如图2-3所示）。

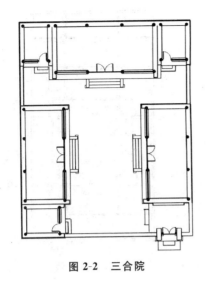
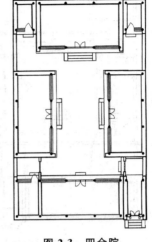

图 2-2　三合院　　　　　　　图 2-3　四合院

三、二进院（前后院）

四合院向纵深发展，再增加一座院落，便成为二进院或称前后院（如图 2-4 所示）。一进院内没有正房，只有倒座、东西厢房和院门；二进院内没有南房，只有正房和东西厢房，在一、二进院正中，一般建有垂花门，门的左右由抄手游廊与东西厢房前廊相通，东西厢房的前廊与正房的前廊之间又有廊相通，游廊将垂花门、东西厢房、正房串联在一起，阴天下雨等不好天气，人们便可通过游廊行走在各房之间。垂花门的两侧廊的外檐筑墙，将里外院隔离，垂花门是通向二进院的门户，是院落的第二道大门。

二进院的正房若是三间，东西厢房或两间、或三间；二进院的正房若是五间，东西厢房或五间或三间，三间居多。有的正房左右两山带耳房（套房）一两间，有的厢房也带耳房，但只有山墙南面一侧建有耳房，北侧没有。带廊院落，正房与厢房之间的横向、纵向距离，以及垂花门与东西厢房之间横向与纵向距离，由廊的间数而定，廊的间数多，相互间的距离就大，院落也就大，反之，相互间的距离小，院落也就小。凡院落，临街大门内，正对大门的位置，或紧贴厢房的山墙，建有贴墙影壁，或建有独立影壁。

从体量规模来看，二进院的建筑高大雄伟，二进院为主，一进院的建筑要低于前者，一进院为辅。

四、三进院至多进院

二进院再向纵深发展，便成为三进院或多进院（如图 2-5、图 2-6 所示）。三进院的南房便是二进院的正房，多进院依此类推。自二进院进入三进院，大门的位置有两种开设方式，或在三进院的南房，即二进院的正房明间，前后开门，或不建前后檐墙，从明间通过，这间明间称做过厅；或在三进院南房的左右两山的院墙设门，这种门可以是不带门楼的墙门，也可是带门楼的大门，多进依此类推。一般最后一进院只有一栋多间的正房或楼房，称做罩房或罩楼。

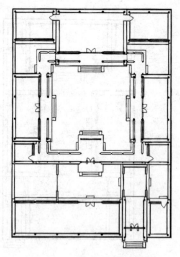
图 2-4　二进院（前后院）

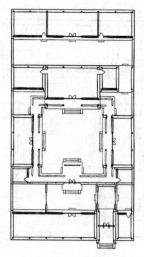
图 2-5　三进院

五、跨院

大的宅院除中轴线纵深方向建多重院落外，还在横向建有跨院，或左跨院，或右跨院，或称东跨院、西跨院，或在其左右同时建跨院。跨院的通道往往建在厢房两山的院墙上，或在厢房的明间设通道或前后门。有的两个纵深的院落之间形成一条胡同，称做"更道"（如图 2-7 所示）。

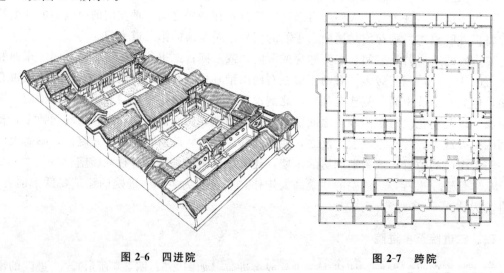

图 2-6　四进院　　　　　　　　　图 2-7　跨院

像上述大型的宅院一般都有自家单独的花园，即使一般的住宅院落，往往也点缀一些山石花木。

六、王府大院

除皇宫外，王府大院是四合院的最高级别，平面构成原则与上述是一致的，不同之处在于规模大、用材好、制作精良、装饰、装修豪华。最不同之处在于王府大院有特殊功用的建筑，供王爷处理政务的大殿：银安殿、后殿、翼楼、后楼等。另王府临街府门，亲王府为五间，郡王府为三间屋宇式大门，并在府门东西各有一间角门。此外府门外还有石狮子、灯柱、拴马桩、辖禾木（行马）等附属设施（如图2-8，图2-9所示）。

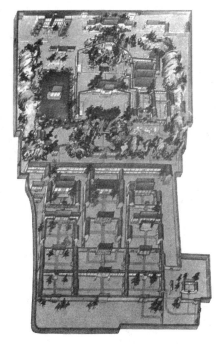

图 2-8　恭王府院落全景图

图 2-9　山西王家大院红门堡模型全景图

中国古代建筑就是这样由最小的建筑单位"间"发展成一栋，然后由不同方向的房组成一个院落，再由一个个院落组成多进院或跨院，依次结构法则发展成庞大的建筑群。现今明清故宫就是由若干大小不同的四合院所组成的庞大建筑群。

思考题

1. 中国古代建筑平面构成法则是什么？
2. 中国古代建筑院落有几种形式？

第三章
基　座

———◦ 本章提要 ◦———

　　本章主要讲述中国古代建筑基座的功能与结构。基座是中国古代建筑重要组成部分，不仅具有承重、加固、保护房屋作用，而且也是等级地位的象征。基座分为平素座与须弥座两种，须弥座往往用于宫殿、庙宇和具有纪念性的建筑物。
　　本章将重点介绍基座结构与造型，长、宽、高的计算方法。

第三章

基 础

第一节　基座的结构与制作方法

基座又称台基，在房屋的底部，是一个四面砌砖，里面填土，上面墁砖的长方形的台子，它在中国古代建筑中占有十分重要的位置。基座是建筑物的重要组成部分，它又分为看得见部分和看不见的部分，看得见的部分是基座表面结构造型，称台基露明，看不见部分是台面以下结构（如图3-1所示）。

基座的制作程序是：首先根据柱网在地面刨槽，槽宽为柱径的2倍，槽的深浅根据建筑物的规模大小和地理条件而定，按《工程做法则例》规定："其深不过一丈，浅止于五尺或四尺。"槽内一般使用灰土做法，七成土三成灰混合，用夯夯实，"每步虚土七寸，筑实五寸"；还有的使用柏木桩做基础。基础打好后，按柱分位用砖砌磉墩，磉墩与磉墩之间，纵横方向砌成与磉墩同样高的墙体，称做"拦土"。柱顶石便坐落在磉墩上，拦土之间填满土，土上墁砖。

图3-1　基座结构

基座的高低大小和造型往往体现出主人身份、地位、等级（如图3-2所示）。宋代和清代对基座高度都有明确规定。清代《钦定大清会典实例》规定："亲王府制台制高十尺，郡王府制台制高八尺……公侯以下，三品以上房屋台基高为三尺，四品以下至庶民房屋台高为一尺。"

明清重要宫殿，具有秦汉高台建筑遗风，都建有很高的基座。如故宫的三大殿、乾清宫、太庙的享殿、天坛的祈年殿，都建有三重须弥座，前后左右都建有丹陛（踏垛），殿前三座，正中一座宽，为御路，专供皇帝使用（如图3-3所示）。正中往往置一块整石，上面雕有海水、天涯、行云、游龙等精美雕刻。

图3-2　平素基座

图3-3　带栏板须弥座

第二节 基座高、面阔、进深的计算方法

下面介绍基座高、面阔、进深的计算方法与基座台基露明结构。

一、基座高（台基露明）的计算方法

带斗栱大式建筑（庑殿式、显山式）有平素座和须弥座两种形式。须弥座高，为自地面至耍头下皮的距离的 2.5/10 柱高；平素座高，为自地面至耍头下皮的距离的 2/10 柱高；不带斗栱的大式建筑和小式建筑，一般情况按柱高的 2/10 定。

二、基座面阔的计算方法

首先计算房屋的通面阔，带斗栱的大式建筑面阔的计算，按《工程做法则例》规定："凡面阔、进深以斗科攒数定，每攒以口数十一份定宽，如斗口二寸五分，以科中分算，得斗科每攒宽二尺七寸五分。如面阔平身科六攒，加两面柱头科各半攒，明间面阔为一丈九尺二寸五分，次间收分一攒，得一丈六尺五寸。梢间同，或再收一攒，临期酌定。"

凡带斗栱的大式建筑，无论庑殿式还是显山式，前后左右四个面都有檐出，所以基座的面阔等于房屋的通面阔再左右各加一个下檐出。

无斗栱大式和小式硬山建筑，基座的面阔等于房屋通面阔左右各加一个外包金（一个半柱径）再各加一个二寸金边。

悬山建筑基座面阔，等于房屋通面阔左右各加 2 柱径或 2.5 柱径。

房屋的通面阔是由房间的多少和各间面阔的大小决定的。常规做法，首先确定明间的面阔，根据明间面阔再定左右次间、梢间、尽间面阔。带斗栱的大式建筑明间斗栱的攒数一般为双数，如四攒、六攒、八攒，次间减一攒，梢间可递减一攒，亦可同次间。次间面阔为明间面阔的 8/10，梢间面阔可略小于次间，亦可与次间相等。不带斗栱的大式建筑和小式建筑，一般民居明间面阔在 3~4 米左右，假如定明间面阔为 4 米，次间面阔就是 3.2 米。

还有一种方法，先确定檐柱柱径，得出柱高，再由柱高推算出面阔和通面阔。按则例规定，柱高与柱径的比为 11:1~13:1。假如定柱径为 30 公分，柱高便是 3.3 米，明间面阔就是 4 米。

面阔的确定一是考虑使用功能，即实际需要；二是根据房基地大小、财力、物力条件而定。

三、基座进深计算方法

带斗栱的大式建筑，无论庑殿式还是显山式，基座进深同样依据斗栱攒数而定，而后前后再各加一个下檐出。

无斗栱大式建筑和小式建筑基座进深，首先应确定建筑的梁架形式。大式建筑最多可用十一架梁（十个步架），小式建筑最多用七架梁（六个步架）。梁架正身每个步架是等距

的，即4柱径。假若用五架梁，四个步架，正身进深共16柱径；假如前面加廊，廊步架为5柱径，至此则进深21柱径，基座的进深等于房屋的通进深，前面加一个下檐出；假如后檐墙是露檐墙，后面再加一个下檐出；假如后面是封护墙，就等于房屋通进深前面加一个下檐出，后面再加一个外包金（1.5柱径）再加2寸金边。

四、基座露明部分之下

垫有"土衬石"，土衬石高出地面1~2寸，土衬石的外边比基座宽出2~3寸，称做"金边"。

五、基座台基露明部分结构

基座四个转角处各立一方角柱石（埋头石）。其高等于基座高减去阶条石的厚度（1/2柱径），其宽等于1.5柱径。基座面上四周铺满一圈阶条石，其宽1.4柱径，厚1/2柱径。土衬之上阶条石之下，为陡板石，亦可用砖代替。基座面上柱子的分位处安放柱顶石（柱础），柱顶石不同时期，不同地域有各种不同的造型。清代北京建筑的柱顶石造型，高1柱径，方为柱径2倍，中间根据柱截面形状，或圆或方，突出1/5柱径高，称做"古镜"，其直径为1.2柱径。

由地面到台面设有踏跺或称台阶。民居中踏跺有两种形式，一种称垂带式踏跺，一种称如意式踏跺。垂带式踏跺，长度等于明间面阔，一级一级踏跺，两边各安装一条垂带石，其宽度等于1.4柱径，厚等于1/2柱径；如意踏跺每上一级比下一级前、左、右都少一级踏跺的宽度（如图3-4、图3-5所示）。一些重要的宫殿、庙宇的须弥座有踏跺一至多座，基座周边设栏杆，装饰庄严华丽。正面踏跺往往分左、中、右三部分，中间部分为御路，上面雕有精美的龙凤图案。

图3-4　垂带式踏跺

图3-5　如意式踏跺

带斗栱的大式建筑，须弥座高为耍头下皮至基座地面的1/4。须弥座自上而下分为六层，假如我们把其通高设为X，并将其划为51份，第一层称上枋，其高等于（9/51）X，其下有一条（1/51）X的皮条线；第二层称上枭，高等于（6/51）X，其下一条皮条线；第三层称束腰，高为（8/51）X，其下是皮条线；第四层称下枭，其高为（6/51）X，其下是皮线条；第五层称下枋，高为（8/51）X；第六层称圭角，其高为（10/51）X（如图

3-6 所示）。

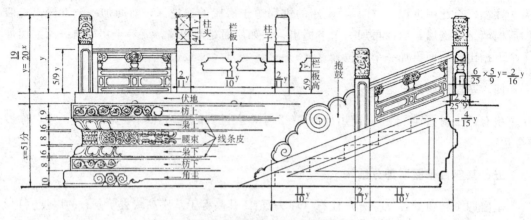

图 3-6　须弥座栏板结构及尺度

因须弥座台基高，所以一般基座面边缘装有栏杆。栏杆由望柱和栏板组成。栏杆高以 Y 为符号，Y 等于 (19/20) X，望柱分柱身与柱头两部分，柱身高等于 (7/11) Y，柱头高等于 (4/11) Y，柱截面为方形，宽为 (2/11) Y。柱头往往作云龙、龙凤、石榴等雕饰。栏杆由㧐杖扶手、花叶净瓶、中枋、下枋和绦环板组成。栏板杆高等于 (5/9) Y，长等于 (11/10) Y，整个栏杆坐落在须弥座面上的地伏石上。须弥座的踏垛两边也立有栏杆，栏杆底由抱鼓石顶撑。须弥座形式经常用来作落地罩、家具或其他物品的底座（如图 3-7、图 3-8 所示）。

图 3-7　须弥座

图 3-8　须弥座栏板结构

思考题

1. 基座的高、面阔、进深如何计算？
2. 基座台明有哪些结构组成？各自的尺度如何计算？

第四章
斗　栱

───○ 本章提要 ○───

　　本章主要讲述大式建筑的主要构件之一——斗栱，斗栱是中国古建中重要构件，也是中国古建极具特色的部分。重点讲述斗栱的功能与种类；斗栱各构件的造型、尺度以及一斗二升交麻叶、一斗三升、单翘单昂五踩斗栱、溜金斗栱和牌楼斗栱各构件的组装程序。

第四章

半 导 体

第一节　斗栱的功能与类别

斗栱是中国古代建筑特有的构件，以它特有的功能、结构和造型享誉世界。它是先人聪明才智的体现，是古代工匠和劳动人民辛勤劳动的结晶，是中国古代建筑民族文化的典型体现。

一、斗栱功能

斗栱在中国古代建筑中占有十分重要的地位，特别是在大型建筑中，其功能得到最充分、最完美地体现。斗栱的功能可归纳为以下几个方面。

（一）承上启下

斗栱在大型建筑或具有纪念性的建筑物上，位于下架与上架之间，即柱与梁之间或在枋与桁之间，它是中间的过渡构件，将其上面的荷载通过斗栱传导到柱子上，再由柱子传到基座。它是传导屋面重量的"中转站"，具有承上启下的功能。

（二）支撑大屋檐

大屋檐是中国古代建筑结构与造型外观一大特点，按照清工部《工程做法则例》规定，带斗栱大式建筑上檐挑出的距离包括正心桁至挑檐桁之间的距离（每挑出一踩为三斗口），和挑檐桁中至飞椽椽头外皮的距离（这段水平距离一般为二十一斗口）。也就是说若以七踩斗栱建筑为例，正心桁与挑檐桁之间的距离为九斗口，整个出檐三十斗口，若以每斗口四寸计算，共计挑出十二尺的距离，挑出这么大的屋檐，全部重量要靠斗栱来支撑，所以斗栱主要功能是支撑挑出的大屋檐。

（三）缩短梁的长度

斗栱用于室内，前后斗栱层层向外挑出，既可缩短梁的长度，又可分散梁枋节点处的剪力。

（四）以小代大

假如不用斗栱支撑挑出的屋檐，只可采用增加柱子的办法，檐柱前再加一排柱子，柱头顶着桁或枋，桁、枋顶着檐椽以上的重量。那样的话，既不美观，又浪费大料。据著名建筑史学家杨洪勋先生调查研究，认为斗栱就是擎檐柱演变而成的。它以层层小木块叠垒延伸，代替了大木料的功能。

（五）抗震性强

斗栱由一层层大小、长短不同的木块叠加组成，因而具有一定的弹性、收缩性和较强的防震、抗震功能。2008年四川汶川大地震，多数建筑被夷为平地，而在震区的楠木斗栱卯榫结构的"开善寺"却安然无恙。

（六）装饰与象征

每攒斗栱由多个不同样式的构件组成，有大有小、有长有短、有上有下、有正有斜、有出有入、有凹有凸。结构复杂，造型奇异，加之油漆彩画，具有很强的装饰作用。在封建社会，带斗栱的大式建筑只能用于皇宫、寺庙、或具有纪念性的建筑使用，成为至高无上的权力象征。

二、斗栱类别

清代斗栱除柱头上的柱头科、角柱科外，两柱之间的平板枋上还安装有平身科，一组斗栱称做一"攒"，明间平身科常为双数，次间递减一攒。每攒斗栱坐斗中到中之间的距离称做"分当"，斗口分当尺寸为十一个斗口。由于功能的需要或地形的限制，斗口分当往往大于或小于十一斗口，遇到这种情况就得调整瓜栱、万栱、厢栱的尺寸，具体做法：实际攒当尺寸（大于或小于11斗口）除以11，所得之数乘以6.2为调整后的瓜栱实际尺寸；所得之数乘以9.2为调整后的万栱实际尺寸；所得之数乘以7.2为调整后的厢栱实际尺寸。

斗栱有的向外挑出，有的不向外挑出，《工程做法则例》规定，自正心栱每挑出一次称一拽架，长度为三斗口，一般情况向内外同时挑出，因横向有三排栱，清代称此为三踩斗栱，若挑出两拽架，就有五排栱，称做五踩，依此类推七踩、九踩……

若以出不出踩划分，就有不出踩斗栱和出踩斗栱两种。不出踩斗栱结构简单，有一斗二升交麻叶斗栱、一斗三升斗栱、单栱单翘交麻叶斗栱、重栱单翘交麻叶斗栱等（如图4-1、图4-2所示）。

若以位置划分，就有外檐斗栱和内檐斗栱，外檐斗栱有平身科、柱头科、角柱科、溜金斗栱、平座斗栱。内檐斗栱又有襻间斗栱、品字斗栱、隔架斗栱等（如图4-3所示）。

图4-1　一斗三升斗栱　　　　　　图4-2　一斗二升交麻叶斗栱

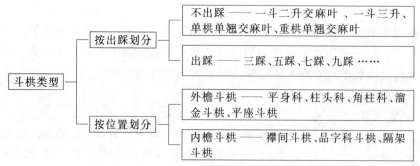

图4-3　斗栱类型

清代斗栱种类很多，清工部颁发的《工程做法则例》，其中第二十八卷至第四十卷，对斗栱各构件、尺度及各种斗栱类型做了详细的介绍，并列出单昂斗栱、重昂斗栱、单翘单昂斗栱、单翘重昂斗栱、重翘重昂斗栱、祖重昂里挑金斗栱、三滴水品字斗栱、隔架斗栱等各类斗栱，斗口自一寸至六寸十一个等级的构件尺度及组合程序（如图4-4～图4-13所示）。

图 4-4　单栱交麻叶斗栱

图 4-5　攀间斗栱

图 4-6　单昂三踩斗栱平身科

图 4-7　单昂三踩斗栱柱头科

图 4-8　单昂三踩斗栱角柱

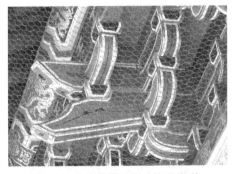
图 4-9　单翘单昂五踩斗栱平身科

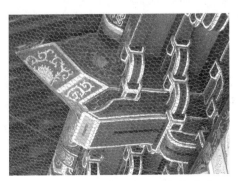
图 4-10　单翘单昂五踩斗栱柱头科

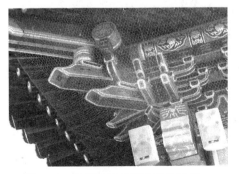
图 4-11　单翘单昂五踩斗栱角柱科

图 4-12　单翘双昂七踩斗栱

图 4-13　挑金溜金斗栱

第二节　斗栱主要构件名称及尺度

一攒斗栱虽然结构复杂，但它是由几个基本的构件组成，并有具体的法则遵循。清工部《工程做法则例》第二十八卷开篇就明确指出："凡算斗科上升、斗、栱、翘等件、长短、高宽尺寸，俱以平身科迎面安翘昂斗口宽尺寸为法核算。斗口有头等材、二等材，以至十一等材之分。头等材迎面安翘、昂斗口宽六寸，二等材斗口宽五寸五分，自三等材以至十一等材各递减五分，即得斗口尺寸。"

以上这段文字讲了两个重要问题：

其一，斗栱的主要构件斗、升、栱、翘等一切构件的长短、高厚尺寸，均以平身科坐斗正面刻口为核算单位；其二，斗口共有十一种尺寸规格：最大为六寸，其下每等减五分，即五寸五分、五寸、四寸五分、四寸、三寸五分、三寸、二寸五分、二寸、一寸五分、一寸。斗口最大尺寸为六寸，最小尺寸为一寸。

一、坐斗

坐斗，亦称大斗，宋代以前称栌斗。它是整攒斗栱最底下的一个构件，是一块大的方木，整攒斗栱荷载都集中落在此斗上。因它的形状像旧时的量具"斗"，故名斗，又因在众多的方块木中体量最大，故称大斗，又因它安坐在柱头上或平板枋上故称坐斗。坐斗因所在位置不同，其尺度和结构也有所不同。

（一）平身科坐斗

此斗安装在两柱之间的额枋或平板枋上，由暗销固定。坐斗面阔方向宽为 3 斗口，纵深方向厚为 3 斗口或 3.24 斗口，高 2 斗口。斗的结构自上而下分为斗耳、斗腰、斗底三部分。斗耳占通高的 2/5，即 0.8 斗口，斗腰占通高的 1/5 即 0.4 斗口，斗底占通高的 2/5 即 0.8 斗口，并在各侧面高按 0.8 斗口，底面按 0.4 斗口做倒八字倒棱。清代是直线倒棱，宋代以前是向内曲线倒棱，称做"䫜"。

斗的正面和侧面正中按耳高各开一个刻口，十字相交。面阔方向正面刻口宽为一斗口，在正面的刻口内，还要留出鼻子，高为耳高的 1/2，厚按 0.4 斗口。纵深方向坐斗居中刻口为 1.24 斗口或 1.25 斗口，两侧还要刻出垫栱板槽，深与宽各 0.24 斗口，用以安装垫栱板（如图 4-14 所示）。

（二）柱头科坐斗

此斗安装在柱头上或柱头平板枋上，由暗销固定。坐斗中与柱中在一条垂直线上。面阔方向正面宽 4 斗口，纵深方向厚 3 斗口或 3.24 斗口，高 2 斗口。面阔方向正面居中刻口 2 斗口，纵深方向居中刻口 1.24 斗口，两侧还要刻出垫栱板槽，深与宽各 0.24 斗口，用以安装垫栱板。斗耳、斗腰、斗底高及倒棱皆与平身科坐斗相同（如图 4-15 所示）。

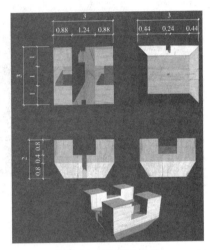

图 4-14　平身科坐斗

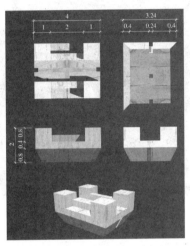

图 4-15　柱头科坐斗

（三）角柱科坐斗

此斗用于庑殿式、显山式及具有四个坡面或四个坡面以上转角的建筑，安装在角柱上或角柱顶端的搭交平板枋上，由暗销固定。斗栱宽 3 斗口、厚 3 斗口或 3.24 口，高 2 斗口（莲瓣斗例外）。它与平身科、角柱科不同，前者只有正、侧两个刻口，而角柱科坐斗共有三个刻口，除正、侧两个刻口外，还有一个 45° 的刻口。另外安装在坐斗刻口内的正搭交构件具有双重性，头部在檐面是翘，尾部在山面就是栱；头部在檐面是栱，尾部在山面就是翘。正心瓜栱厚为 1.24 斗口，翘厚为 1 斗口，所以檐面坐斗面阔方向的正面的刻口 1 斗口，与它相对应的山面进深方向的刻口为 1.24 斗口；檐面坐斗进深方向内侧面刻口 1.24 斗口，与它相对应的山面面阔方向的正面刻口为 1 斗口；由于它要承托来自 45° 角的斜翘，所以还要刻一个斜刻口，宽为 1.5 斗口；另在正心瓜栱所在的一侧要刻出 0.24 斗口的垫栱板槽。斗耳、斗腰、斗底的比例及倒棱与平身科坐斗相同（如图 4-16 所示）。

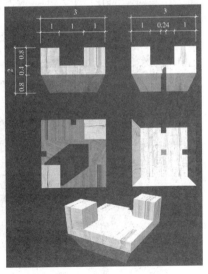

图 4-16　角柱科坐斗

（四）莲瓣坐斗

上面介绍的角柱科坐斗，虽然它的长、高、厚与平身科坐斗相同，但由于它多了一个 1.5 斗口宽的 45°斜刻口，造成形体上的损伤，而它却承担来自檐面与山面两个方向屋面的荷载，时间长了，必然造成建筑物寿命的缩短。为解决这一问题，大型建筑角柱科坐斗往往采用莲瓣斗的形式。它的构成是由三个或三个以上的坐斗组成的一个整体。在角柱科坐斗的檐面与山面各增加一个坐斗，并由一块木料做成，构件上，各面也相应增加一列翘、昂、耍头等构件，这样它的体量便增加了，构件增加了，承载功能也就加强了（如图 4-17、图 4-18 所示）。

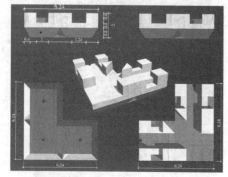

图 4-17 莲瓣坐斗

图 4-18 莲瓣坐斗外视图

二、栱

凡栱，都是拱形方木，为面阔方向的横向构件。

（一）平身科正心瓜栱

正心瓜栱是在一攒斗栱正心最底下的一层栱，也是最短的栱，其长 6.2 斗口，厚 1.24 斗口，高 2 斗口，它的两端各安装一个槽升子。施工中常把斗栱中心的横向或纵向构件栱或翘、昂与两端的升、十八斗一木连做，而后两边贴升耳（如图 4-19、图 4-20 所示）。

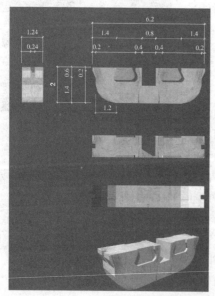

图 4-19 正心瓜栱一木连做

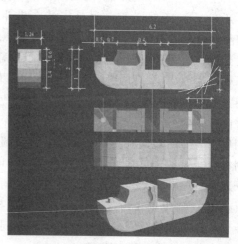

图 4-20 正心瓜栱

栱的两端下部都要做出栱瓣，万栱三个瓣，瓣数最少；瓜栱四个瓣；厢栱五个瓣，瓣数最多。口诀为"万三、瓜四、厢五"。其目的是破方为圆，而且各不相同，达到统一中有变化，变化中有统一。此种做法称做"卷杀"法。

（二）柱头科正心瓜栱

柱头科正心瓜栱长、厚、高与平身科正心瓜栱完全相同，只是正面刻口宽，为1.6斗口（如图4-21、图4-22所示）。

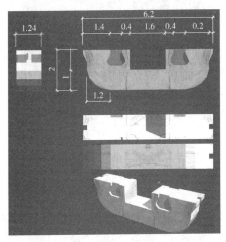

图4-21 柱头科正心瓜栱一木连做

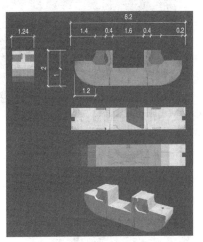

图4-22 柱头科正心瓜栱

（三）翘后带正心瓜栱

此栱位于角柱科，由于它的特殊位置，若头部在檐面是栱，尾部在山面便是翘；若头部山面是栱，尾部在檐面就是翘。翘长3.5斗口，翘厚1斗口；栱长3.1斗口，栱厚1.24斗口，高均2斗口（如图4-23、图4-24所示）。

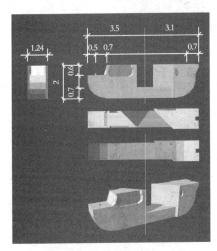

图4-23 檐面搭交正头翘后带
正心瓜栱一木连做

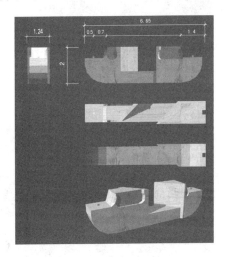

图4-24 檐面搭交正头翘

山面与檐面两者造型尺度相同，只是檐面搭交刻口冲上，山面搭交刻口冲下（如图4-25、图4-26所示）。

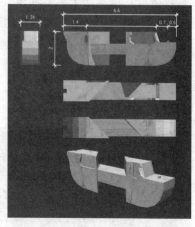
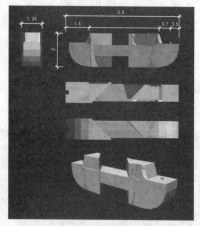

图 4-25　山面搭交正头翘后带正心瓜栱一木连做　　　图 4-26　山面搭交正头翘后带正心瓜栱

（四）平身科正心万栱

它是平身科中最长的栱，其长 9.2 斗口，高 2 斗口，厚 1.24 斗口，位于正心瓜栱之上（如图 4-27、图 4-28 所示）。

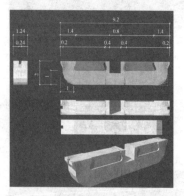
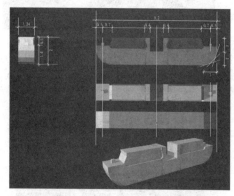

图 4-27　平身科正心万栱一木连做　　　图 4-28　平身科正心万栱

（五）柱头科正心万栱

柱头科正心万栱的长、厚、高与平身科的正心万栱相同，只是正面刻口宽为 2.6 斗口（如图 4-29、图 4-30 所示）。

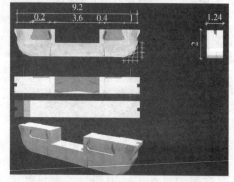
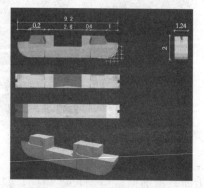

图 4-29　柱头科正心万栱一木连做　　　图 4-30　柱头科正心万栱

（六）搭交正头昂后带正心万栱

搭交正头昂后带正心万栱，位于搭交正头翘后带正心瓜栱之上，长 13.6 斗口，昂厚 1 斗口，栱厚 1.24 斗口，高前 3 斗口，后 2 斗口（如图 4-31～图 4-34 所示）。

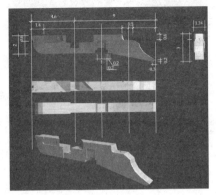

图 4-31　檐面搭交昂后带正心万栱一木连做

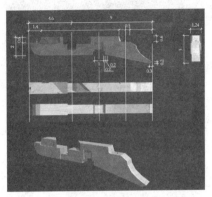

图 4-32　檐面搭交昂后带正心万栱

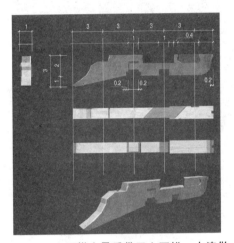

图 4-33　山面搭交昂后带正心万栱一木连做

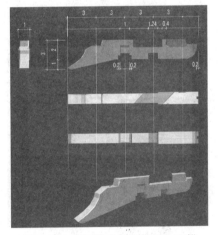

图 4-34　山面搭交昂后带正心万栱

（七）平身科单材瓜栱（里、外拽瓜栱）

平身科单材瓜栱安装在翘或昂两端的十八斗的刻口内。与正心万栱同高、并列，其平面投影位置，距正心栱往里 1 拽架（3 斗口），往外 1 拽架（3 斗口）。其长 6.2 斗口，厚 1 斗口，高 1.4 斗口（如图 4-35 所示）。

（八）柱头科单材瓜栱

柱头科单材瓜栱长、厚与平身科单材瓜栱相同，高为 1.4 斗口，正面刻口为 1.6 斗口（如图 4-36 所示）。

（九）搭交闹昂后带单材瓜栱

搭交闹昂后带单材瓜栱，长根据斗栱形制而定。单翘单昂者，长 12 斗口，厚同昂、同栱，高为前 3 斗口，后 2 斗口（如图 4-37、图 4-38 所示）。

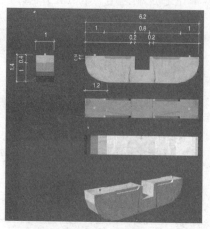

图 4-35 平身科单材瓜栱

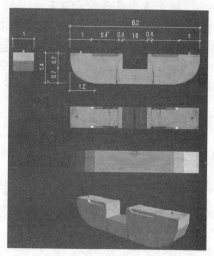

图 4-36 柱头科单材瓜栱

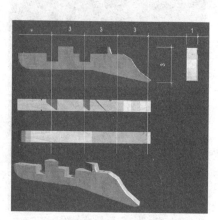

图 4-37 檐面搭交闹昂后带单材瓜栱

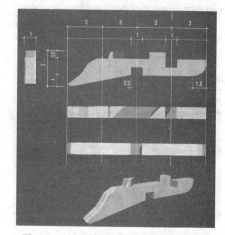

图 4-38 山面搭交闹昂后带单材瓜栱

（十）平身科单材万拱

平身科单材万拱位于平身科单材瓜拱之上，长9.2斗口，厚1斗口，高1.4斗口，面阔方向刻口为1斗口（如图4-39所示）。

（十一）柱头科单材万栱

柱头科单材万栱位于柱头科单材瓜栱之上，长9.2斗口，厚1斗口，高1.4斗口，面阔方向刻口为3.6斗口（如图4-40所示）。

（十二）搭交闹蚂蚱头后带单材万栱

搭交闹蚂蚱头后带单材万栱，是五踩斗栱角柱科构件，长根据斗栱形制而定。单翘单昂五踩者，长13.6斗口、厚1斗口、高2斗口（如图4-41、图4-42所示）。

（十三）平身科厢栱

平身科厢栱是位于里外拽最上面的一层栱。长7.2斗口，厚1斗口，高1.4斗口。其上承托挑檐枋（如图4-43所示）。

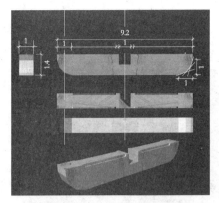

图 4-39　平身科单材万拱

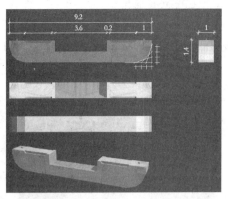

图 4-40　柱头科单材万拱

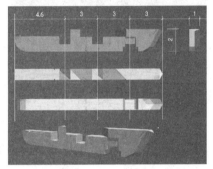

图 4-41　檐面闹蚂蚱头带单材万拱

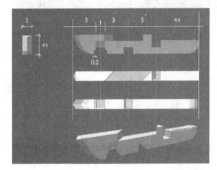

图 4-42　山面闹蚂蚱头带单材万拱

（十四）柱头科厢栱

柱头科厢栱位于昂头十八斗之上，长、厚、高同平身科厢栱，刻口为3.6斗口（如图4-44所示）。

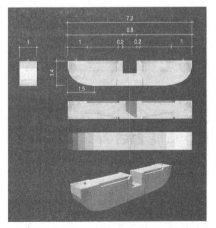

图 4-43　平身科厢栱

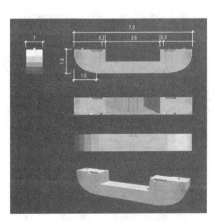

图 4-44　柱头科厢栱

（十五）把臂厢栱

把臂厢栱为角柱科构件之一，位于山面与檐面外上方。长根据不同形制斗栱而定，单翘单昂五踩斗栱中把臂厢栱长为14.4斗口，厚1斗口，高1.4斗口（如图4-45、图4-46所示）。

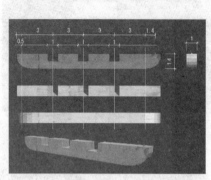

图4-45　檐面把臂厢栱

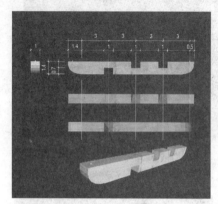

图4-46　山面把臂厢栱

三、翘

翘是纵向构件，位于昂下，扣装在栱的上面，与栱成直角。造型与栱相同，只是方向不同。

（一）平身科单翘

平身科单翘坐落在平身科坐斗纵深刻口里，长7斗口，厚1斗口，高2斗口（如图4-47所示）。

翘每增加一层，长增加两个拽架，即6斗口，厚与高不变。

（二）柱头科单翘、重翘

柱头科单翘由于处在柱头位置，其上直接或间接承托桃尖梁头，所以宽度加大。其长7斗口，厚2斗口，高2斗口。若重翘，每增加一层，长加两拽架，即6斗口，厚2.5斗口，高2斗口（如图4-48所示）。

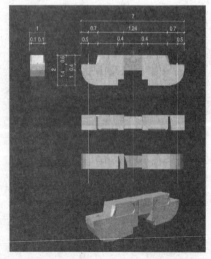

图4-47　平身科单翘

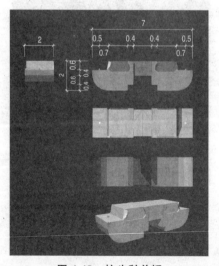

图4-48　柱头科单翘

（三）角柱科斜头翘、斜二翘

角柱科斜头翘位于角柱上，它与檐面及山面各成 45°角，其长为平身科头翘长加斜（乘以 1.414），厚 1.5 斗口，高 2 斗口。

斜二翘长为平身科二翘长加斜（乘以 1.414），厚 1.68 斗口，高 2 斗口（如图 4-49 所示）。

（四）搭交正头翘后带正心瓜栱

详见栱类翘后带正心瓜栱。

四、昂

昂也是斗栱中纵深构件，与栱十字相交。昂的造型与栱、翘不同，它的头部向前下方伸出，并形成角形。

（一）平身科头昂

昂的长度根据斗栱形制而定，头昂长 9.85 斗口，厚 1 斗口，高前 3 斗口，后 2 斗口（如图 4-50 所示）。

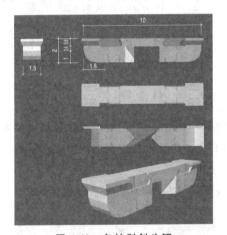

图 4-49 角柱科斜头翘

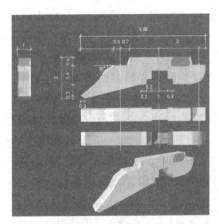

图 4-50 平身科头昂

（二）昂后带菊花头

昂后带菊花头位于蚂蚱头后带六分头之下，翘或昂之上。此昂造型前面是昂头，尾部做成菊花头；其他位置上的昂，尾部做成翘头造型。昂后带菊花头与内外拽栱及正心万栱十字相交。此昂长 15 斗口，前高 3 斗口，后高 2 斗口，厚 1 斗口（如图 4-51 所示）。

（三）柱头科昂后带雀替

此昂在造型上和尺度上都与前者有所不同，一是前者昂后带菊花头，而柱头科昂后尾造型是雀替；二是面阔宽度，柱头昂加大了 2 个斗口。柱头昂共 6 个拽架，通长为 18 斗口，内外拽架各为 9 斗口，其中昂嘴部分为 3 斗口，后尾雀替部分为 6 斗口，前高 3 斗口，后高 2 斗口，厚 3 斗口，外拽瓜栱之前为 3 斗口，外拽瓜栱之后为 2 斗口（如图 4-52 所示）。

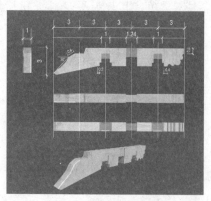 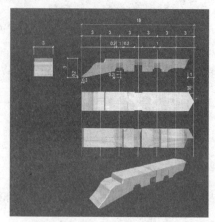

图 4-51 昂后带菊花头　　　　　　　图 4-52 昂后带雀替

（四）斜头昂

斜头昂位于角柱科之上，与檐面和山面各成 45°角，它的尾部做成菊花头造型，其长根据斗栱形制而定。单翘单昂五踩者，长为平身科昂长加斜（乘以 1.414），厚 2 斗口，高前 3 斗口，后 2 斗口（如图 4-53 所示）。

（五）搭交闹昂后带单材瓜栱

详见栱类搭交闹昂后带单材瓜栱。

（六）由昂后带六分头

由昂后带六分头是角柱科斗栱上的构件，与檐面、山面各成 45°长度根据斗栱形制而定。单翘单昂五踩者，长为 6 拽架，18 斗口，加昂尾六分头 2.5 斗口，再加斜（乘以 1.414）得总长，厚 2.5 斗口，高为前 3 斗口，后 2 斗口。

在设计施工中往往将撑头木与由昂一木连做（见斜撑头木）（如图 4-54 所示）。

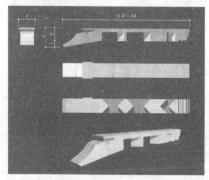 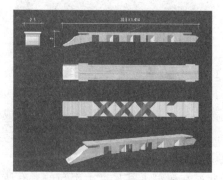

图 4-53 斜头昂后带菊花头　　　　　图 4-54 由昂后带六分头

五、蚂蚱头

蚂蚱头位于昂之上，是斗栱纵深方向的构件。

（一）蚂蚱头后带六分头

蚂蚱头后带六分头，是五踩斗栱平身科构件，位于昂后带菊花头之上，撑头木之下。

长根据斗栱形制而定。五踩斗栱者，长 16.5 斗口，厚 1 斗口，高 2 斗口（如图 4-55 所示）。

（二）搭交蚂蚱头后带正心枋

搭交蚂蚱头后带正心枋位于搭交昂后带正心万拱之上，长根据斗拱形制而定，五踩斗拱者，长 9 斗口＋面阔，厚 1.24 斗口，高 2 斗口。山面与檐面两者造型尺度相同，只是檐面搭交刻口冲上，山面搭交刻口冲下（如图 4-56、图 4-57 所示）。

（三）搭交蚂蚱头后带单材万拱

详见拱类搭交蚂蚱头后带单材万拱。

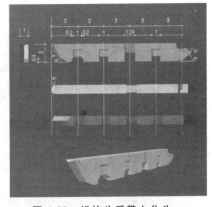

图 4-55　蚂蚱头后带六分头

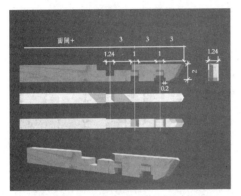

图 4-56　檐面蚂蚱头后带正心枋

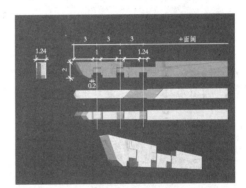

图 4-57　山面蚂蚱头后带正心枋

六、撑头木

撑头木为斗栱纵深方向的构件，位于蚂蚱头后带六分头之上，桁椀之下，前端与挑檐枋相接。

（一）平身科撑头木后带麻叶头

平身科撑头木后带麻叶头位于蚂蚱头后带六分头之上，长根据斗栱形制而定。单翘单昂五踩斗栱者，长 15.5 斗口，厚 1 斗口，高 2 斗口（如图 4-58 所示）。

（二）斜撑头木

斜撑头木位于角柱科由昂后带六分头之上，长为平身科撑头木加斜（乘以 1.414），厚 2.5 斗口，高 2 斗口（如图 4-59 所示）。

设计施工中常把由昂后带六分头与斜撑头木后带麻叶头一木连做（如图 4-60 所示）。

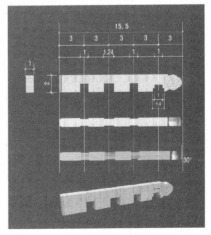

图 4-58　平身科撑头木后带麻叶头

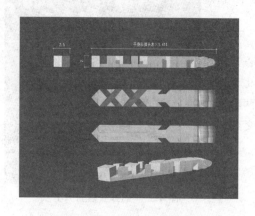

图 4-59　斜撑头木后带麻叶头

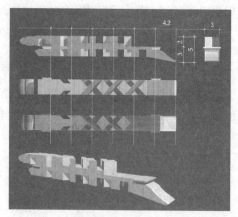

图 4-60　由昂后带六分头与斜撑头木后带麻叶头一木连做

（三）搭交撑头木后带外拽枋

搭交撑头木后带外拽枋，位于四面坡或多面坡建筑檐面转角处，是角柱科的构件之一，它在搭交闹蚂蚱头后带单材万栱之上。撑头木与外拽枋连在一起，长根据斗栱形制与梢间面阔或进深而定。厚1斗口，高2斗口（如图4-61、图4-62所示）。

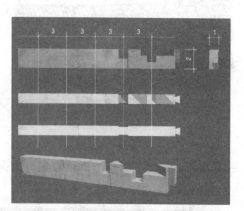

图 4-61　檐面搭交撑头木后带外拽枋

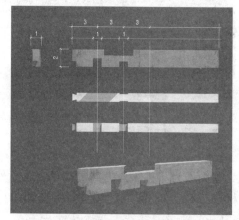

图 4-62　山面搭交撑头木后带外拽枋

七、升

升位于栱、翘、昂的两端，升分为三种：槽升子、三才升、十八斗。

（一）槽升子

凡升者，都是安装在横向栱两端的小方木，槽升子安装在正心瓜栱与正心万栱的两端，槽升子长1.4斗口，高1斗口，厚1.64斗口。耳、腰、底的比与坐斗相同，斗底倒棱按0.2斗口；升耳上开顺身口，并在顺身两端的斗腰、斗底的一侧，开一道0.24斗口的槽，用以安装垫栱板。施工中往往将正心瓜栱和正心万栱与槽升子一木连做，两侧贴升耳（如图4-63所示）。

（二）三才升

三才升位于里外拽栱与厢栱的两端上，长1.4斗口，厚1.4斗口，高1斗口；斗耳上只开一道顺身口，用于承托单材万栱、里外拽枋、挑檐枋与井口枋（如图4-64所示）。

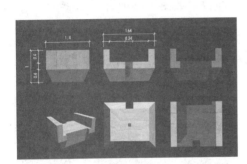

图4-63　槽升子

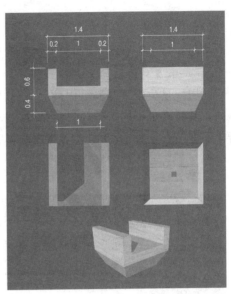

图4-64　三才升

（三）平身科十八斗

平身科十八斗，安装在纵深方向的翘、昂两端与六分头上端，十八斗长1.8斗口，厚1.4斗口，高1斗口。斗耳上开十字刻口（也有的只开顺身刻口，不开纵深刻口），耳、腰、底比例及斗底倒棱同槽升子（如图4-65所示）。

（四）柱头科筒子十八斗

此斗位于单翘单昂五踩柱头科斗栱翘的两端，长3.4斗口，高1斗口，厚1.4斗口（如图4-66所示）。

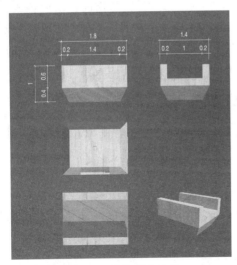

图4-65　平身科十八斗

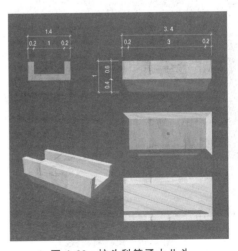

图4-66　柱头科筒子十八斗

（五）柱头科昂头筒子十八斗

此斗位于单翘单昂五踩柱头科昂的两端，长4.4斗口，厚1.4斗口，高1斗口（如图4-67所示）。

八、桁椀

桁椀位于撑头木之上，是斗栱最上层的一个构件，其上顶着正心桁与挑檐桁。

（一）平身科桁椀

此桁椀是位于平身科纵深最上面一层的构件，厚1斗口，高按拽架加举，长由于形制不同，其长度也不同。若斗口单昂者，长6斗口；若单翘单昂或斗口重昂者，长12斗口；若单翘重昂者，长18斗口；若重翘重昂者，长24斗口（如图4-68所示）。

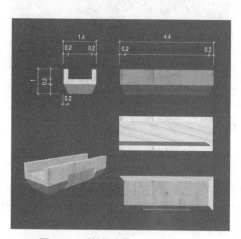

图4-67 柱头科昂头筒子十八斗

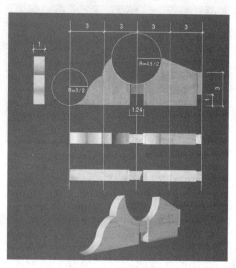

图4-68 平身科桁椀

（二）角柱科桁椀

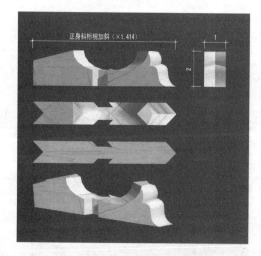

图4-69 角柱科桁椀

此桁椀位于角柱科，与檐面、山面各成45°角，是最上层的一个构件，长为平身科桁椀加斜（乘以1.414），宽同由昂，高按拽架加举（如图4-69所示）。

九、宝瓶

宝瓶位于由昂头之上，支撑着老角梁。其高3.5斗口，径与由昂厚相等（如图4-70所示）。

十、麻叶云

麻叶云是一斗二升交麻叶斗栱中纵深的构件，长12斗口，厚1斗口，高5.33斗口（如图4-71所示）。

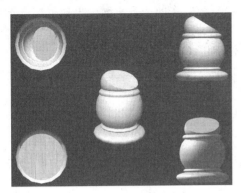

图 4-70 宝瓶

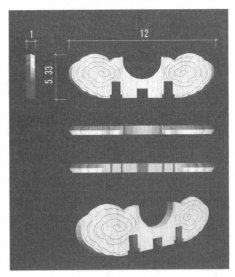

图 4-71 麻叶云

第三节 几种斗栱构件组合程序

斗栱有多种样式，下面以一斗二升交麻叶及一斗三升、单翘单昂五踩斗栱、五踩溜金斗栱、牌楼斗栱为例，介绍其平身科、柱头科、角柱科每攒斗栱构件组合程序，掌握了这些斗栱构件组合程序，其他样式斗栱组合亦可触类旁通。

一、一斗二升交麻叶、一斗三升

此两种斗栱皆不出踩，构件组合比较简单。现以一斗二升交麻叶为例。

（一）平身科

第一层，平身科坐斗一件，直接安装在平板枋之上，由暗销固定。

第二层，正心瓜栱一件，安装在坐斗面阔顺身刻口内，两端各安装槽升子一件；麻叶云与正心瓜栱 90°相交。

（二）柱头科

第一层，柱头科坐斗一件，安装在柱头平板枋上，直接承载梁头。

第二层，正心瓜栱一件，安装在坐斗面阔顺身刻口内，两端上面各安装槽升子一件，以承托桁枋。

（三）角柱科

第一层，角柱科坐斗一件，安装在角柱搭交平板枋上。

第二层，搭角正心瓜栱两件，十字正交安装在坐斗十字刻口内，瓜栱两端上面各安装槽升子一件；斜昂安装在坐斗 45°斜刻口内。

一斗三升斗栱构件安装程序与一斗二升交麻叶完全一样，只是将平身科中的麻叶改为槽升子即可。

二、单翘单昂五踩斗栱

（一）平身科

单翘单昂五踩平身科位于两柱之间，安装在平板枋之上，其上顶着挑檐枋、挑檐桁和正心枋、正心桁，支撑着屋檐的重量。明间一般为双数，次间递减一攒。单翘单昂五踩平身科，自坐斗起至正心桁、挑檐桁底皮止，由下而上共由六层构件组成。

第一层，坐斗一件，安装在平板枋上，由暗销固定。

第二层，在坐斗面阔顺身方向的刻口内，安装正心瓜栱一件，在栱的两端各安装槽升子一件；同时在坐斗正面纵深方向刻口内，扣装头翘一件（单翘），头翘两端各安装十八斗一件，与正瓜栱中心十字相交。

第三层，在正心瓜栱上面安装正心万栱一件，正心万栱安装在正心瓜栱两端的槽升子刻口里，正心万栱的两端各安装一个槽升子；在翘头前后十八斗上，各安装单材瓜栱一件，单材瓜栱两端各安装三才升一件；在纵深方向，扣装昂后带菊花头一件，昂头之上安装十八斗一件。

第四层，在正心万栱上安装正心枋一件；在里外拽瓜栱上安装里外拽万栱各一件，再在里外拽万栱两端各安装三才升一件；在昂头十八斗之上安装厢栱一件，厢栱两端各安装三才升一件；在纵深方向，扣装蚂蚱头后带六分头一件，六分头上安装十八斗一件。

第五层，在正心枋之上，再加一层正心枋；在里外拽万栱之上，各安装里外拽枋一件；在厢栱两端的三才升上安装挑檐枋一件；在蚂蚱头后带六分头十八斗之上安装里拽厢栱一件，厢栱两端各安装三才升一件；在正面纵深方向，扣装撑头木后带麻叶头一件，其前端与挑檐枋相接。为隔绝内外，防风防寒，防止鸟类钻入做巢，在挑檐枋和各里外拽枋之间，分别加盖斗板和斜斗板。

第六层，在纵深方向安装桁椀一件，桁椀前端挑着挑檐桁，中间承载着正心桁，尾部做银锭榫与井口枋相交；挑檐枋与桁椀共同顶着挑檐桁。根据举折，在正心枋上继续叠加正心枋，直至正心桁的底皮；在里拽厢栱之上安装井口枋，为安装天花做铺垫。

斗栱构件有如下安装规律。

1. 无论三踩、五踩、七踩至多踩，正心瓜栱、正心万栱只各一件，正心万栱之上一层层安装正心枋，直至正心桁底皮。

2. 从外檐看，自坐斗之上，依次为翘、昂、蚂蚱头，如果挑出层增加，只增加翘或昂，蚂蚱头只有一件。

3. 从里檐看，自坐斗之上，依次为翘、菊花头、六分头、麻叶头，若挑出层增加，只能增加翘或昂，菊花头、六分头、麻叶头不增加。如单翘双昂七踩平身科、外面增加了个昂，内里增加了个翘。又如，重翘重昂平身科，外面增加了一翘一昂，内里增加了两个翘，菊花头、六分头、麻叶头等个数不变（如图4-72、图4-73所示）。

（二）柱头科

单翘单昂五踩柱头科与平身科有所不同，它的翘的横截面要比平身科宽得多。这是由于柱头科上面顶着梁，直接承担着更大的负荷。

下面就单翘单昂五踩柱头科的构件组合程序做一介绍：

第一层，柱头科坐斗一件，安装在柱头平板枋上，由暗销固定。

第二层，在坐斗面阔顺身刻口内安装正心瓜栱一件，瓜栱两端各安装槽升子一件；在坐斗正面纵深方向刻口内安装头翘一件，翘的前后两端各安装筒子十八斗一件。

第三层，在正心瓜栱上面安装正心万栱一件，正心万栱两端各安装槽升子一件；在翘头十八斗上各安装里、外拽单材瓜栱一件，单材瓜栱因要与昂相交，所以刻口比平身科的单材瓜栱的刻口要宽，宽度为 2.6 斗口，单材瓜栱两端各安装三才升一件；在正面纵深方向扣装昂后带雀替一件，昂头安装筒子十八斗一件。

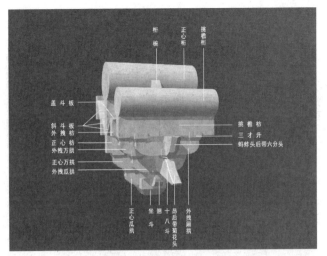

图 4-72　单翘单昂五踩平身科斗栱（正面）

第四层，在面阔顺身方向，在正心万栱之上，安装正心枋一件；在里、外拽瓜栱上，各安装单材万栱一件。柱头科的里、外拽万栱与平身科的里、外拽万栱在位置上、做法上完全一样，只是它们要与桃尖梁相交，而桃尖梁头厚为 4 斗口，桃尖梁身厚为 6 斗口，所以它上面的刻口都要加宽，外拽万栱刻口为 3.6 斗口，里拽万栱刻口为 5.6 斗口；在昂头之上安装筒子十八斗一件，由于筒子十八斗要承托桃尖梁，所以十八斗长为 4.4 斗口，厚 1.4 斗口，高 1 斗口；在十

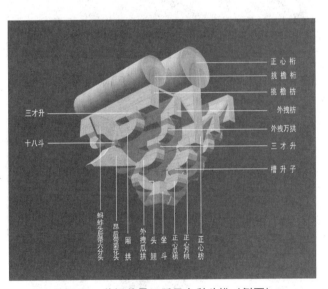

图 4-73　单翘单昂五踩平身科斗栱（侧面）

八斗上面安装外拽厢栱一件，厢栱的做法与平身科完全一样，只是外拽厢栱要与桃尖梁相交，所以上面的刻口要宽，为 3.6 斗口，厢栱两端各安装三才升一件；在进深方向安装桃尖梁。桃尖梁头相当于桁椀、撑头木和蚂蚱头三者合做在一起的综合构件。梁头的两侧刻半槽做假栱头，两侧的挑檐枋、里、外拽枋、正心枋等件，也通过半榫或槽交于梁的两个侧面。厢栱之上安装挑檐枋，挑檐枋上安装挑檐桁，里、外拽单材万栱上安装里、外拽枋；再安装里拽厢栱一件，里拽厢栱之上安装井口枋。

在挑檐枋和各里、外拽枋之间，分别加盖斗板和斜斗板（如图 4-74、图 4-75 所示）。

（三）角柱科

角柱科的结构功能比起前两者都要复杂，它使用在四面坡或多面坡带有转角的建筑上，如庑殿式、显山式、四角攒尖、六角攒尖、八角攒尖、转角游廊等。它起挑檐、承重、转折的作用。因此它的结构组成也比较复杂。

下面就单翘单昂五踩角柱科的结构做一介绍。

第一层，角柱科坐斗一件，安装在角柱顶端的搭交平板枋上，由暗销固定。

第二层，在檐面和山面各安装正头翘后带正心瓜栱一件，在坐斗中十字搭交；在45°方向扣装斜头翘一件，三者在坐斗正中三卡腰相交，在搭交正翘的翘头上各安装十八斗一件，在斜翘头上安装斜翘十八斗一件，或采用一木连做贴升耳的方法。

第三层，在坐斗中心的搭交正头翘后带正心瓜栱之上，各安装搭交昂后带正心万栱一件，各昂头安装十八斗一件；在檐面与山面外一拽架的位置，各安装搭交闹昂后带单材瓜栱一件，闹昂头各安装十八斗一件；在里侧一拽架位置，檐面与山面各安装单材瓜栱一件，为加强角柱科与平身科的联系，此栱往往与相邻的平身科瓜栱连做，称做里连头合角单材瓜栱；在搭交闹昂后带单材瓜栱的栱头上，各安装三才升一件；在檐面与山面各45°方向扣装斜头昂一件，斜头昂上安装十八斗一件，此斗往往与斜昂一木连做。

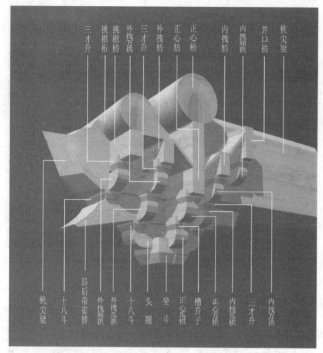

图 4-74　柱头科斗栱一

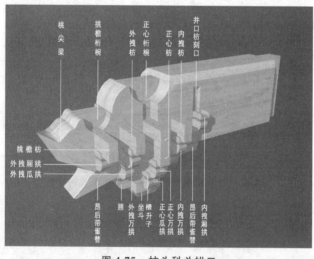

图 4-75　柱头科斗栱二

第四层，斗栱在檐面与山面最外上端，各安装搭交把臂厢栱一件，厢栱两端各安装三才升一件；在正心部位安装搭交闹蚂蚱头后带正心枋两件；在外一拽架位置各安装搭交闹蚂蚱头后带单材万栱一件，单材万栱两端各安装三才升一件；在里一拽架位置，各安装单材万栱一件，此栱往往与相邻平身科单材万栱一木连做，称做里连头合角单材万栱，单材万栱两端各安装三才升一件；在檐面与山面各45°角安装由昂一件，由昂与平身科的蚂蚱头处于同一高度。由昂常与其上的斜撑头木连做。由昂头十八斗之上安装宝瓶一件。

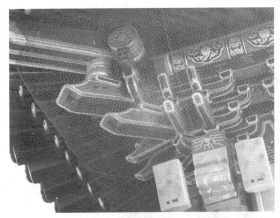

图 4-76 单翘单昂五踩角柱科斗栱外视图

第五层，在檐面与山面搭交把臂厢栱之上，各安装搭交挑檐枋一件；在正心部位，在檐面与山面各安装搭交撑头木后带正心枋一件；在外一拽架位置，在搭交闹蚂蚱头后带单材万栱之上，各安装搭交闹撑头木后带外拽枋一件；在里连头合角单材万栱之上，各安装里拽枋一件；在里拽厢栱位置上，各安装里连头合角厢栱一件。

第六层，在45°方向安装斜桁椀一件，其两侧与正心枋相交，尾部与里拽井口枋相交（如图4-76～图4-80所示）。

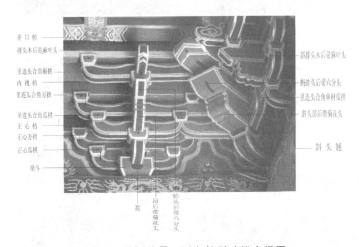

图 4-77 单翘单昂五踩角柱科斗栱内视图

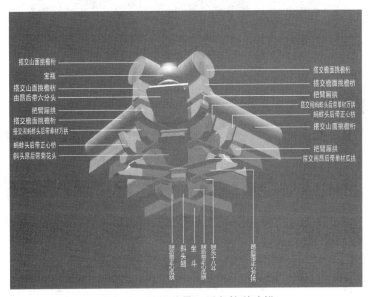

图 4-78 单翘单昂五踩角柱科斗栱

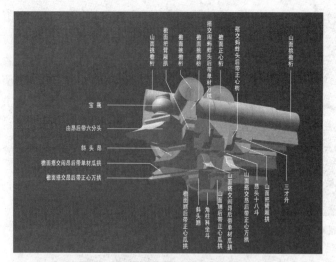

图 4-79　单翘单昂五踩角柱科斗栱

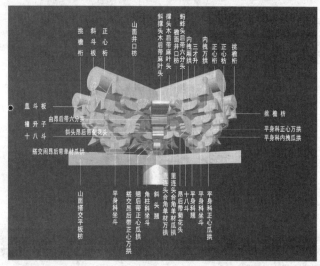

图 4-80　单翘单昂五踩角柱科斗栱内视图

三、五踩溜金斗栱

外檐斗栱中有一类称做溜金斗栱，这种斗栱造型比较特殊，自正心瓜栱与正心枋里皮以外，与五踩斗栱完全一样，翘、昂、蚂蚱头、撑头木、桁椀都是平行的，而自正心瓜栱与正心枋里皮以里，便开始向斜上方金桁方向斜向延伸，最后蚂蚱头的尾部落在金枋（花台枋）之上，称做"落金做法"，若撑头木与蚂蚱头向斜上方金桁方向延伸，并不落在金枋上，而是自下而上挑着金枋与金桁，并由覆莲销将蚂蚱头尾部、撑头木尾部与金枋、金桁穿接在一起，称做"挑金做法"。

（一）落金做法

落金做法与挑金做法不同之处在于，蚂蚱头尾部未伸到金桁处，只有撑头木的尾部做成三福云并落在下金枋上的栱槽里。其结构如下（如图 4-81、图 4-82 所示）。

第一层、坐斗一件，造型、尺度、位置同平身科坐斗完全相同。

第二层、在坐斗面阔顺身方向刻口内安装正心瓜栱一件，在瓜栱两端各安装槽升子一件；在纵深方向安装翘一件，翘头安装十八斗一件。这第二层也与平身科完全一样。

第三层、在正心瓜栱上安装正心万栱一件；在昂头上安装外拽瓜栱一件，瓜栱两端各安装三才升一件；在里拽翘头上安装麻叶云栱一件；在纵深方向安装昂后带六分头一件，六分头下，附加菊花头一件，其长随六分头尾长，厚1斗口，高根据步架举折而定。

第四层、在正心万栱之上，安装正心枋一件；在外拽瓜栱之上安装外拽万栱一件，在外拽万栱之上各安装三才升一件；在昂头十八斗上安装外拽厢栱一件，厢栱两端各安装三才升一件；在纵深方向安装蚂蚱头后带六分头一件，六分头的位置在昂后带六分头尾部与下金枋水平线正中；蚂蚱头尾部露出的部分，下面附加菊花头一件。

第五层、在正心枋上再安装一件正心枋；在外拽万栱上安装外拽枋一件；在外拽厢栱上安装挑檐枋一件；在正面纵深方向，安装撑头木后带秤杆一件，秤杆长及高，根据步架与举折而定，秤杆尾部做成三福云，交于下金枋襻间坐斗上。

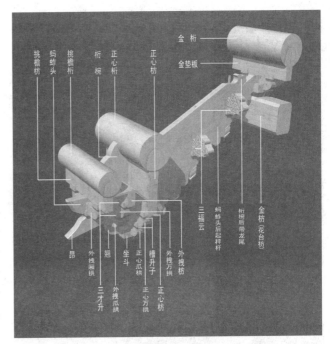

图 4-81　五踩溜金斗栱落金做法一

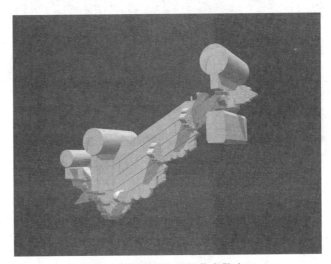

图 4-82　五踩溜金斗栱落金做法二

第六层、在撑头木上安装桁椀后带龙尾一件，每层六分头与三福云相交处，安装覆莲销一件，其长根据杆件层数宽度而定，覆莲销头长1.6斗口，1斗口见方。覆莲销穿过各层构件，起固定、锁合作用。

（二）挑金做法

挑金做法与落金做法不同之处，在于尾部瓜栱自下承托金枋（如图4-83、图4-84所示）。

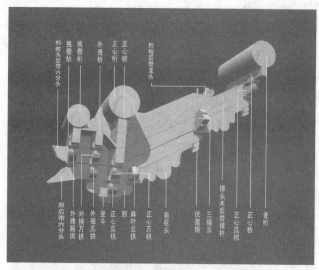

图 4-83　五踩溜金斗栱挑金做法

图 4-84　五踩溜金斗栱挑金做法

第一层，坐斗一件，造型、尺度、位置同平身科坐斗完全相同。

第二层，在坐斗面阔顺身方向刻口内安装正心瓜栱一件，在瓜栱两端各安装槽升子一件；在纵深方向安装翘一件，翘头各安装十八斗一件。这第二层也与平身科完全一样。

第三层，在正心瓜栱上安装正心万栱一件，在正心万栱两端各安装槽升子一件；在翘头十八斗上安装外拽瓜栱一件，栱的两端各安装三才升一件，在头翘里端十八斗上安装麻叶云栱一件，其长 7.6 斗口，厚 1 斗口，高 2 斗口；在进深方向，安装昂后带六分头一件，自正心瓜栱里皮以外，与平身科昂完全一样，昂头上安装十八斗一件，自正心万栱里皮以内，按步架、举高向上延伸至步架深 3/5 位置，尾部做六分头，六分头上安装十八斗；在昂后带六分头正心瓜栱里皮以内，其下皮附菊花头一件。

第四层，在正心万栱上安装正心枋一件；在外拽瓜栱上安装外拽万栱一件；在昂头十八斗上安装外拽厢栱一件；在进深方向安装蚂蚱头后带秤杆一件，蚂蚱头在正心枋里皮以外与平身科蚂蚱头完全一样，秤杆长根据步架与举高而定，杆的尾部做成六分头，六分头上安装十八斗。

第五层，在正心枋上叠加正心枋一件；在外拽万栱上安装外拽枋一件；在外拽厢栱之上安装挑檐枋一件；在纵深方向安装撑头木一件，其尾部六分头十八斗上，安装瓜栱一件，瓜栱承托着金枋；头昂后带六分头、蚂蚱头后带秤杆与撑头木后带龙尾三件构件由覆莲销穿连，形成一个整体，覆莲销长 8 斗口，厚 1 斗口，高 1 斗口。

第六层，在正心枋上再叠加正心枋一件，至正心桁底皮；在纵深方向安装桁椀后带龙尾一件；在六分头与三福云栱相交处，安装覆莲销一件，穿过各层构件，起固定、锁合作用。

四、牌楼斗栱

（一）牌楼斗栱的特点

牌楼斗栱比较特殊，与上述诸栱有以下不同之处。

1. 柱不出头牌楼只有平身科、角科，而无柱头科；而柱出头牌楼，只有平身科，而无柱头科与角科。

2. 平身科自面阔顺身轴线前后两面完全对称，如翘、昂、耍头等，前面与后面的结构顺序与造型完全一样，是一种特殊的品字斗栱。

3. 牌楼斗栱更富于装饰性，昂头往往做成如意或麻叶头造型，蚂蚱头往往做成三福云造型，更显华丽、美观。

4. 由于牌楼只有一排柱，只有面阔没有进深，屋面孤立，没有依靠，不稳定，为解决这一问题，将坐斗与边柱或高栱柱连做，即柱子向上延伸，直达正心桁下皮，代替坐斗，此种形式称做"通天斗"或"灯笼榫"；较大的牌楼，平身科，每隔两三攒，也用通天斗，这种通天斗的下部穿过平板枋、大额枋直至小额枋内 1/3~1/2，成为折柱，换言之，折柱与坐斗由一木做成，大大加大平身科斗栱的稳定性。

5. 牌楼的角柱科斗栱与一般角柱科斗栱不同，它相当于两攒一般角科斗栱的外转角部分的组合，这是因为牌楼的平身科前后一样，没有内外之别，它只保留了一般角科外转角一侧的结构。

（二）角科构件组合

通天斗的截面略大于平身科坐斗，其截面为 3.6 乘以 3.6 斗口左右，它的面阔方向与纵深方向刻有安装栱与昂、翘、耍头构件的十字卯口，卯口底与平身科坐斗斗口下皮同高，卯口直达斗栱撑头木的上皮，并留出 1 斗口的"涨眼"。角科斗栱的搭交正翘、昂等构件分别插在通天斗的十字卯口里，按山面压

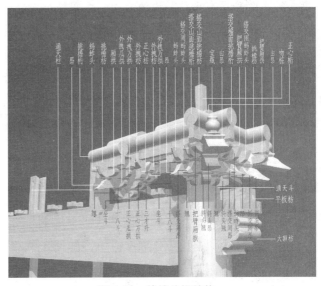

图 4-85　牌楼斗栱结构一

图 4-86　牌楼斗栱结构二

檐面的原则搭交在一起，搭交闹翘、昂、耍头等构件，凭着搭交正翘、昂的承挑，在转角处相交；另在通天斗的两个外侧 45°角处，也有安装角科斗栱上的斜翘、昂、由昂等构件的卯口，斜翘、昂、由昂等构件由 45°卯口插入，与搭交闹翘、昂三叉腰相交，或尾部做半榫，或不做榫，卡在通天斗的外角上，往往利用铁件加固斜翘、昂构件与通天斗的结合（如图 4-85、图 4-86 所示）。

思考题

1. 斗栱在中国古代建筑中有何功能？
2. 斗栱常见的有几种类型？
3. 斗栱的主要构件有哪些？其造型与尺度如何？
4. 单翘单昂五踩斗栱平身科、柱头科、角柱科如何构成？
5. 溜金斗栱有几种？构件组成方式怎样？
6. 牌楼斗栱有何特点？角科斗栱与常规角柱科斗栱有何不同？

第五章
柱、梁、枋、檩桁

———◦ 本章提要 ◦———

本章主要讲述中国古代建筑木构架中的主要构件——柱、梁、枋、檩桁，它们的种类，它们在梁架中的位置、功能、造型、结构、尺度、制作方法以及相互之间的关系。

第一节 柱

柱在中国古代建筑中占有十分重要的位置，它在木构架中是直立的大木，其功能是承载上部梁架的重量。形体截面有圆形、方形、多角形、梭柱形等。清代柱以圆形为主，方柱多用于廊柱和擎檐柱。柱径与柱高的比例及柱的造型也具有时代特点。柱由于所在位置不同，功能不同，其名称、形式、尺度也不相同。柱的种类很多，下面逐一介绍。

一、檐柱

檐柱（如图 5-1 所示）是处于前后左右檐部的柱子，处于前檐的称做前檐柱，处于后檐的称做后檐柱，处于两山檐部的称做山面檐柱。檐柱的功能主要是承载屋面檐部的重量。柱底部管脚榫插在基座柱础的海眼里，柱上皮顶着梁头。大式建筑檐柱高为 60～70 斗口，柱径为 6 斗口；不带斗栱的大式建筑和小式建筑柱高等于 4/5 明间面阔或 11 柱径，另柱的两端各加柱径的 1/3 作管脚榫和银锭榫，榫宽、厚均同榫长，榫截面或圆或方，顶端略小些，称做"收溜"；而带斗栱的大式建筑檐柱的上端不做榫，因其上安放平板枋，只做暗销海窝。清代建筑中，檐柱上径与下径粗细不同，上径小于下径的 1/100 柱高，称做"收分"，檐柱栽立与地面也不绝对垂直，其上略向内倾，倾斜数据为柱高的 1/100 或 7/1000，称做"柱侧脚"。由于有柱侧脚，柱子向内倾斜，所以柱的中线就不能垂直于底面，而需弹出另一条称做"升线"的直线，升线的下点在柱中线内侧，两线下点相距为柱高的

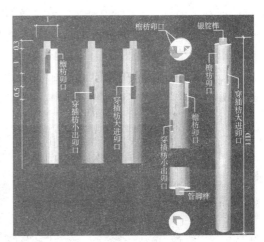

图 5-1 檐柱

1/100，升线上点与柱中线上点重合，柱子上下端截面应与升线垂直。

带斗栱的大式建筑，有的使用一根枋，称做额枋，有的使用两根枋，即上面的大额枋与下面的小额枋，所以柱顶面阔方向要凿出大小额枋卯口，小式建筑只有檐枋，柱顶面阔方向两侧凿出檐枋卯口，卯口高同檐枋，厚按柱径的 1/3，深按柱径的 1/4～1/3。

在进深方向，自柱顶往下一柱径处做穿插枋卯口，穿插枋为"大进小出"透榫，卯口的做法和尺度要与榫的造型与尺度相适应。

二、金柱

在进深方向檐柱以内的柱子，除了位于建筑物纵深线正中的以外，统称金柱。金柱有里外之分，较大的建筑物纵深往往有数列金柱，离檐柱近的称外金柱，离檐柱远的称里

金柱。

带斗栱的大式建筑，金柱高等于檐柱高加斗栱高度，再加廊步五举得金柱总高，柱径为 6.6 斗口；小式建筑金柱高等于檐柱高加廊步五举，或 4/5 明间面阔加廊步五举，柱径等于 1.2 倍檐柱径。金柱没有柱侧脚，与地面完全垂直。金柱上端在与抱头梁、穿插枋尾部垂直相交的位置凿出相适应的卯口（如图 5-2 所示）。在面阔方向也要凿出与金枋相交的卯口。

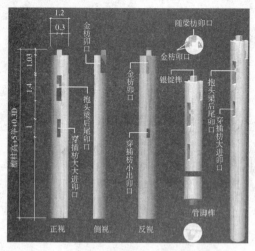

图 5-2　金柱及卯榫

三、中柱

除两山外，在建筑物其他各缝正中的柱子，统称中柱（如图 5-3、图 5-4 所示）。其上皮直接顶着脊桁（檩）。带斗栱的大式建筑中柱高，等于檐柱高加斗栱高，加步架举高，加 0.75 柱径的一平水再加 1/2 柱径的桁椀高度，以做桁椀，其柱径等于 7 斗口；不带斗栱的大式建筑和小式建筑，柱高等于檐柱高加步架举高，再加 1/2 柱径的桁椀高度，以作桁椀，柱径等于 1.2 倍金柱径。中柱往往在纵深方向与三架梁、双步梁、单步梁结合使用，所以在柱的面阔方向两边，要凿出脊枋和脊垫板的刻口与脊桁椀，在进深方向也要凿出与各架梁、替木、跨空枋相适应的卯口。

图 5-3　中柱一

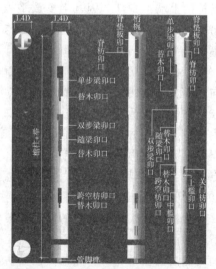

图 5-4　中柱二

四、山柱

位于两山纵深正中的柱子，若在门房使用山柱，在纵深方向要凿出与各梁架相适应的卯口，在面阔方向除了要凿出脊枋、脊垫板的刻口外，因门的框槛安装在山柱间，与门的上槛、中槛、下槛相交，所以也要在相适应的位置凿出相适应的卯口。

山柱在纵深方向的卯口与中柱相同,而在面阔方向只有朝里一面凿有卯口。其功能、柱高、柱径亦与中柱相同。

五、瓜柱

瓜柱其底部不着地,是位于梁与梁之间的短柱,其高随举架,厚为所在梁厚的8/10,宽为1柱径。若柱高大于柱径称做瓜柱,若柱高小于柱径则称为墩。位于金步的称为金瓜柱或金墩,位于脊步的称做脊瓜柱(如图5-5所示)。瓜柱的上端做银锭榫,底部做双榫,双榫宽为瓜柱面宽,长为宽的1/5,厚为瓜柱厚的1/8~1/6。

六、脊瓜柱

脊瓜柱位于三架梁正中,高随举架,上面加1/3桁椀高,下面加榫长1/5柱径,厚为三架梁厚的8/10,宽为1桁径。在它与三架梁之间安装角背,借以扶持固定(如图5-6所示)。

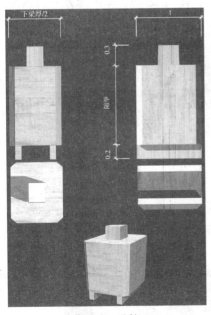

图5-5 瓜柱

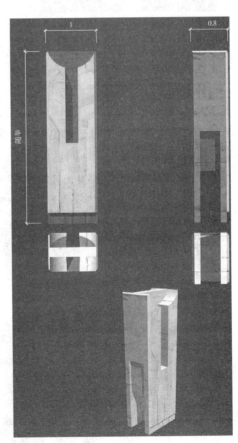

图5-6 脊瓜柱

七、角背

角背是脊瓜柱的辅助构件，角背长为1步架，高为瓜柱高的 1/2～1/3，厚为瓜柱厚的 1/3（如图 5-7、图 5-8 所示）。

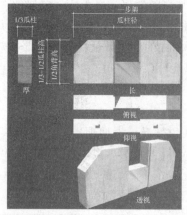

图 5-7　角背

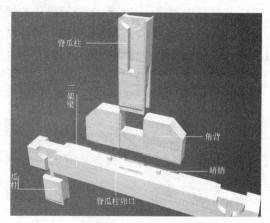

图 5-8　三架梁、角背、脊瓜柱卯榫结构

八、童柱

童柱下端立于梁或枋上，上端顶着梁的短柱称做童柱（如图 5-9 所示）。这种童柱往往用于大体量的建筑上。如位于顺趴梁上和四方重檐抹角梁上的墩斗短柱，以步架加举高得净高，在上下各加 1/3 柱径的管脚榫、银锭榫为其总高。它的顶端面阔方向与纵深方向都要凿出与其他构件相交相适应的卯口。

图 5-9　坐立在桃尖梁上的童柱

九、雷公柱

雷公柱有两种用途，一是用于庑殿梁架上，下端立于太平梁上，上端顶着挑出的脊桁。柱高等于脊瓜柱高减去太平梁的高度，柱径宽同三架梁厚，厚为宽8/10，榫的做法同脊瓜柱；二是用于攒尖建筑上的雷公柱，它悬在空中，或落在太平梁上，由各个方向由戗支撑。柱头做成仰复莲风摆柳造型，柱径为檐柱径的1.5倍，长为自身径的7倍，雷公柱上端作出宝顶桩子，桩的长度及桩的直径皆为雷公柱长度和直径的1/2，以备安装宝顶（如图5-10～图5-13所示）。

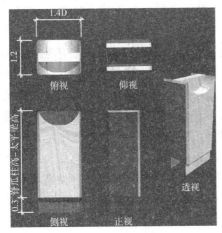

图5-10　庑殿建筑上的雷公柱

图5-11　庑殿建筑上的雷公柱

图5-12　位于八角攒尖亭顶部的雷公柱

图5-13　庑殿建筑上的雷公柱与太平梁

第二节　梁（柁）

梁和柁是同一大木构件，一说，大式称梁，小式称柁；另一说，梁的最下层，最大的构件叫大柁，第二层的叫二柁，第三层的叫三柁，所以梁与柁是同一构件。它在木构架中是纵向的截面为矩形的大方木，是古代建筑中抬梁结构中的重要构件之一，也是大木中截面最大的材木。其腹部两端搭在柱头上，背部承负着瓜柱和檩桁，功能是承载其上构件的荷载并将之转载给前后两柱。

梁柁的名称、大小和位置与架数有关。"架"是指梁背直接或间接所承负檩桁的多少，七架梁背部承载七根檩桁，为六个步架，五架梁背共承载五根檩桁，为四个步架，三架梁背共承载三根檩桁，为两个步架。

一、桃尖梁（挑尖梁）

桃尖梁用于带斗栱的大式建筑，位于檐柱与金柱之间，相当于小式建筑中的抱头梁（如图5-14所示）。由于头部做成桃形故称桃尖梁，因梁尖向上挑，亦称挑尖梁。带斗栱的大式建筑，安装在檐部柱头科上，尾部与金柱相交，头部上端做正心桁、挑檐桁椀，以承托正心桁和挑檐桁。其长，若用于廊上，它的长度为廊步架长加正心桁至挑檐桁的拽架长，再加梁头6斗口，得总长。桃尖梁若用于山面顺梁时，称做桃尖顺梁，其长为梢间面阔加正心桁至挑檐桁的距离，再加梁头长6斗口，得总长；若用于双步梁或三步梁时，其长为步架长加正心桁至挑檐桁的距离，再加梁头长6斗口。桃尖梁厚自正心枋里皮以里为6斗口，正心枋外皮以外4斗口。桃尖梁高不小于8斗口，挑檐桁中以外为5.5斗口。

桃尖梁头造型结构：桃尖梁以正心桁中为准，以外称梁头，以内称梁身。梁头厚4斗口，梁身厚6斗口。在梁背正心桁位置两侧，刻有正心桁椀，两椀之间留有鼻子。桁椀下为正心枋刻口。正心桁与挑檐桁之间的距离依拽架数而定，以五拽架斗栱为例，正心桁往里一拽架（3斗口）处，刻有里拽万栱和里拽枋的刻口，再往里一拽架，有里拽厢栱和井口枋的刻口；正心桁以外一拽架处，有外拽万栱和外拽枋的刻口，再往外一拽架有外拽厢栱和挑檐枋刻口，挑檐枋刻口上为挑檐桁椀。桃尖梁底皮平直，上皮正心桁以里平直，正心桁与挑檐桁之间，为两段弧形，挑檐桁外梁头似桃尖。做法如图5-15所示模型。

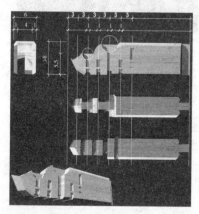

图5-14 桃尖梁一

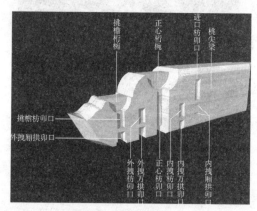

图5-15 桃尖梁二

二、七架梁

所谓七架梁，就是背部直接或间接背负着七根檩桁的梁称做七架梁（如图5-16所示）。它是小式建筑中最大的梁，也是最大的构件。它的两端搭放在前后两檐柱或前后两金柱柱顶之上，其下皮，自梁头往里1柱径处做海眼，与柱头银锭榫相咬合，搭交在柱顶上，并伸出柱外半柱径。其两端背部做檩椀，各负一根檩桁，再前后背部各往里一步架处做管脚榫卯口,各安装一根瓜柱。梁的长度等于进深长再前后各加1个柱径,或等于6个步架前后各加1柱径。带斗栱的大式建筑七架梁的长也随进深,再前后各加1柱径,厚度为7斗口,高8斗口。不带斗栱的大式建筑和小式建筑梁的厚度,等于柱径加2/10柱径。行内俗称"若问此梁厚与宽,五九柱子加两肩"。所谓五九柱子是说柱子的直径无论是五寸还是九寸,都以一份柱径为基数,再加柱径的2/10便是梁的厚度,再以梁的厚度为基数,再加柱径的2/10,便是梁的高度。

梁头的制作:在梁的侧面自梁头向内1柱径处画垂直线,并将线垂直过引到梁的其他三个面,此线即柱、檩桁与梁相交的中点;在梁头的看面画一条垂直中线;再画一条平水线(0.75～0.8柱径),并平行过引到两侧面,这条平水线就是与檩桁相交的底皮线;在距平水线上半柱径处画一条抬头线,这条线就是梁头的上皮线,抬头线在正身亦称熊背线;再以每面1/10的尺寸画出梁底和两侧面的滚楞线;将抬头线以上,自梁头顶端往里1.75柱径部分去掉,再以抬头线与柱中线相交点为圆心,以1/2柱径为半径画圆,做檩椀,左右檩椀深各为梁厚的1/4,留出梁中间的2/4作"鼻子"分位。梁的立面左右柱中位置开一寸左右深的垫板槽。再按照熊背线、滚楞线倒楞。梁头底皮柱中线处做海眼,以便与柱端银锭榫相交;最后在背部往里一步架处凿出瓜柱卯口,至此梁头制作完成。

其他梁架的梁头,除桃尖梁外,皆此做法。

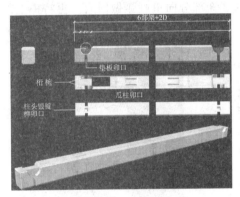

图 5-16 七架梁

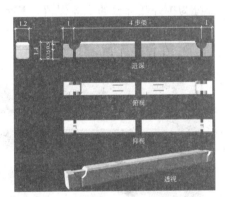

图 5-17 五架梁

三、五架梁

所谓五架梁,就是背部直接或间接背负着五根檩的梁称做五架梁(如图5-17所示)。五架梁有两种用途,一是直接使用,和七架梁一样,两端直接搭放在柱顶之上,其下皮与柱顶相交,并伸出柱外半柱径,再前后各往内一步架处作海眼,安装瓜柱,其长为4个步架前后各加1柱径,厚为1.2柱径,高1.4柱径;二是附在七架梁背上,其腹部安装在七架梁背部两个瓜柱顶部,与七架梁组成一个组合梁架,梁的长度等于四个步架前后再各加1柱径。其厚与高,等于七架梁的厚与高各减2/10柱径。

梁背部两端往里柱1柱径的地方作桁椀,以放置檩桁,再往里一步架处各立一根瓜柱,瓜柱顶与其上三架梁下皮相交。

四、三架梁

三架梁一般都附在五架梁背上的两个瓜柱顶上，梁背两端做檩椀，各承负一根檩桁，梁背正中做卯口，放置脊瓜柱，以承脊桁（如图 5-18 所示）。脊瓜柱较高，为使其稳定，往往在脊瓜柱下加角背，前后支撑着脊瓜柱。梁长等于两个步架再前后各加 1 个柱径。梁的厚与高，等于五架梁的厚与高各减柱径的 2/10。

也有单独使用三架梁的例子，这种房进深很浅，3 米左右。

五、抱头梁

抱头梁一般用于无斗栱大式建筑檐部，相当于大式建筑的桃尖梁（如图 5-19 所示）。它位于檐柱与金柱之间，是根短梁，在前端向内柱 1 柱径的底皮做海眼，搭在檐柱顶端的银锭榫上，并出柱半个柱径，尾部作半榫插在金柱上。梁长以廊步长加梁头 1 柱径，再加梁尾入榫 1/2 柱径。梁的厚度等于檐柱径加 2/10 柱径，梁的高度等于梁的厚度加 2/10 柱径。抱头梁梁头做法同七架梁。

半榫做法：自后尾背部中线底点为圆心，以直径的 1/2 为半径，向里画半圆，榫厚为梁厚的 1/4，将榫两边去掉，梁的后尾与金柱相交处，按"撞一回二"处理，即与柱直接相抵部分为榫外弧部分的 1/3 保留，其余弧的 2/3 部分向里画弧做回肩。再将榫上部高与宽的 1/2 去掉，梁的制作完成。

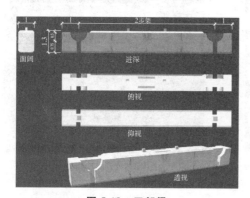

图 5-18　三架梁

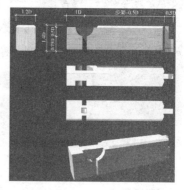

图 5-19　抱头梁

六、双步梁

双步梁因其背部承负两根檩桁而得名。它常在四步架建筑中与中柱组合使用，两个双步梁与中柱联合使用，相当于五架梁的功能。双步梁亦可在廊深两步架建筑中使用，基本与抱头梁相同，比抱头梁多一步架长度，其厚为 1.2 柱径，高 1.4 柱径。如在建筑各缝中与中柱前后组合使用，双步梁的长度等于两个步架前端加梁头 1 柱径，尾部减去半个柱径，再加 1/2 柱径入榫长度。

七、单步梁

单步梁位于双步梁背上，因其上只承负一根檩桁，故称单步梁。单步梁长等于一步架长前面加 1 柱径，尾部减去半个柱径，再加 1/2 柱径入榫长度，截面厚与高等于双步梁厚与高各减 2/10 柱径，或等于三架梁的厚与高。

八、月梁（顶梁）

月梁常使用于圆宝顶（卷棚）的建筑上，此种建筑使用的皆为双数梁架，屋面没有正脊，只有左右过垄脊（如图 5-20 所示）。月梁坐落在四架梁背部上的两个瓜柱或两个墩上。月梁长 2～3 柱径，前后各加 1 柱径，即 4～5 柱径长，其截面厚与高等于四架梁厚与高各减 2/10 柱径。月梁背部两端作桁椀，各承负一根檩桁。梁的一侧或两侧椀下，做垫板榫槽，以备安装垫板。

九、踩步金梁

踩步金梁用于显山建筑，显山建筑的正身梁架，一般为七架梁或五架梁，由于显山屋面上部为两坡悬山，下部是四面坡，下部前后檐的椽条直接搭在檐桁与下金桁上，而左右山面的椽条无处可搭，为解决这一问题，便在两山往里一步架（廊步架）处，各安装一根踩步金梁，以承山面椽条。踩步金梁是一件既像梁又像檩桁的构件，它的两端为圆形，直径与檩桁直径相同，中间正身截面为矩形，与相对应的七架梁或五架梁相等，外侧面按一当一椽做成椽椀，以承山面椽条。踩步金梁两端做卡腰榫与前后下金桁十字相交，背部各往里一步架处作榫眼，立瓜柱，以承五架梁或三架梁。踩步金梁长等于进深长，两端再各加一个半桁径的假桁头，大式建筑踩步金梁厚 6 斗口，高 7 斗口再加 1/100 长，或同五架梁、七架梁；小式建筑厚等于 1.2 金柱柱径，高等于 1.4 金柱柱径（如图 5-21 所示）。

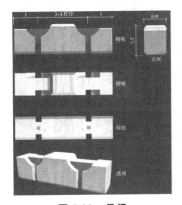

图 5-20　月梁

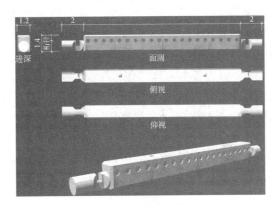

图 5-21　踩步金梁

十、顺梁

顺梁用于庑殿式、显山式建筑或其他攒尖建筑上。一般梁的方向都是纵向的，所谓顺梁，它的方向是横向的，与面阔同向，故称顺梁。顺梁的外端做梁头搭在山面的檐柱柱头上，里端做榫与金柱相交。其背部往里一步架安瓜柱或交金墩以承踩步金梁。其长，带斗栱的大式建筑等于梢间面阔加斗栱出踩长度，厚 6 斗口，高为正心桁中至耍头下皮；不带斗栱的大式建筑，梁长等于梢间面阔加 1 柱径，厚 1.2 柱径，高为 1.4 柱径，或相当于抱头梁的厚与高（如图 5-22 所示）。

十一、趴梁

趴梁用在庑殿或显山建筑,若山面的檩桁放在角云上,顺梁搭扣在山面的檐桁上,内端与金柱相交,它的位置抬高了,这种梁就叫趴梁。趴梁的位置、大小与梢间金枋相同,所以趴梁又称"金枋带趴梁",但它的截面比金枋略大一些。它的背部往里一步架处设交金墩,以承踩步金梁(如图5-23所示)。

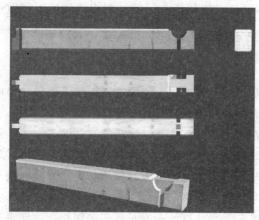

图5-22 顺梁

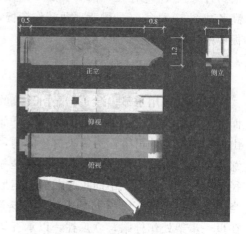

图5-23 趴梁

趴梁制作方法:

趴梁搭交在山面檩桁上,为了减小趴梁对檩桁节点断面的破坏,趴梁梁头做成阶梯榫。梁头与檩桁搭交,外端线与山面檐桁金盘线的外线相重合,底部自梁的底皮向上1/2桁径处,将此范围横向、纵向各分四等分,沿等分线做成阶梯形榫。榫居中,宽度为梁厚度的1/2,两边各1/4作"包掩",而后按檩桁弧线凿成桁椀;再在梁头的顶部,根据山面檐椽上皮,将梁头高出椽子的部分锯去,若趴梁中线两侧的椽,安装时仍高出檐椽,可在两椽的位置挖椽槽;在梁背上,相当于自檐桁中向里一步架位置,凿卯眼,以备安交金墩。

趴梁尾部若与柁墩或瓜柱相交,榫通长为柁墩或瓜柱宽的1/2,自榫里线向外做袖,按柁墩或瓜柱径的1/10作为入墩尺寸,再作1/4桁径榫长。

十二、长短趴梁(井字趴梁)

长短趴梁用于庑殿建筑或攒尖建筑,两根短趴梁搭在两根长趴梁上,形成井字结构。趴梁长度随步架,长趴梁高1.2柱径,厚1柱径,短趴梁高、厚,为长趴梁高、厚的8/10。

十三、抹角梁

抹角梁用于庑殿建筑、显山建筑或各种攒尖建筑的转角处,与角梁成90°相交。它的长度一般按两个步架,再加斜(乘以1.414),再加自身厚一份为总长,厚5.2斗口加1/100长,高6.5斗口加1/100长;无斗栱大式建筑,厚1.2柱径,高1.4柱径。两端榫的做法与趴梁头部做法相同,只是45°相交,榫、卯长应根据实际制作。

十四、承重梁

承重梁用于两层或两层以上的楼房，它承载上层楼面的荷载，梁的两端搭在前后檐柱顶上或交于前后檐通柱上，两侧面做阶梯刻口安装楞木，楞木上再铺钉地板。承重梁刻口宽同楞木厚，高按楞木的1/2（楞木高为通柱径的1/2，厚为高的4/5）；刻口间的距离为二尺至二尺五寸，楼板厚为楞木厚的1/3。若挑出平台（前出廊，或前后出廊），在檐柱之外做假梁头（挑头），其长1~2柱径，带斗栱的大式建筑，梁厚4.8斗口加2寸，高6斗口加2寸；不带斗栱的大式建筑，厚为1柱径，高等于1柱径加2寸。承重梁向外挑出，顶端加沿边木和挂檐枋或滴水板，其上安装栏板。

十五、太平梁

太平梁属庑殿与攒尖建筑上的构件，位于上金桁之上，正中立雷公柱支持挑出的脊桁。长两个步架加桁金盘线一份（金盘线宽为柱径的1/3），宽、高同三架梁（如图5-24所示）。

十六、随梁

随梁位于梁架底梁之下，两端与前后金柱相交，其功能既能联结前后两柱又能起承托上架梁的作用。带斗栱大式建筑，梁长随进深，厚3~3.5斗口加1/100长，高4斗口加1/100长；不带斗栱大式建筑，梁长随进深，厚0.8柱径，高1柱径。

十七、角云（花梁头、假梁头）

角云长为3柱径加斜（乘以1.414），厚1.2柱径，高1.4柱径。具体做法见三维模型（如图5-25所示）。

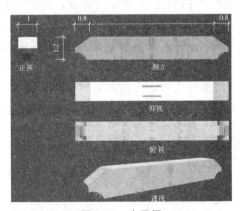

图5-24 太平梁

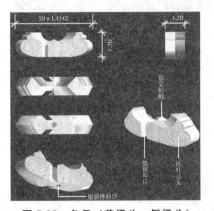

图5-25 角云（花梁头、假梁头）

第三节 枋

枋，是截面为矩形的方木，位于柱与柱之间，起连接柱子和承托上部斗栱的作用。由于位置不同,其名称、尺度也不同。

一、大额枋

大额枋用于带斗栱的大式建筑,在面阔方向,有的有两根额枋,其上称大额枋,位于檐柱与檐柱之间,在平板枋之下,其上皮与檐柱顶相平,连接两柱使之成为一个整体,起加固作用。其长等于面阔两端各减半个柱径得净长,另外,两端各加1/4柱径入榫长度为总长,带斗栱的大式建筑,枋厚4.8斗口,高6斗口。不带斗栱的大式建筑,枋的长度同前,厚2/3柱径,高1柱径。

枋两端的榫形,正身部位两端为燕尾榫,梢间里端为燕尾榫,而庑殿式、显山式或攒尖式建筑中,与角柱相交的榫为箍头榫。箍头榫又分为单面箍头榫和搭交箍头榫,带斗栱的大式建筑箍头枋为霸王拳造型,不带斗栱的大式建筑箍头枋造型为三岔头。现将箍头枋造型及各榫做法介绍如下。

(一) 燕尾榫

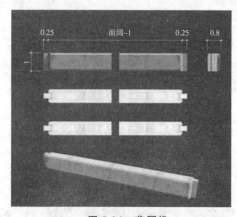

图 5-26　燕尾榫

大额枋长等于面阔尺度,即柱中至柱中的长度,两端各去掉半个柱径为净长,再在两端各加柱径的1/4入榫长(如图5-26所示)。在枋的迎面和长身弹出中线,在枋的上面以半个柱径为半径,画出柱的外缘与枋相交的弧线,俗称"肩膀线";将枋的厚度分为三等分,中间一份即为枋榫的厚度,榫的根部两面各按厚度的1/10收分,使之投影面为燕尾形;燕尾榫的截面不是正长方形,而是上面宽下面窄的梯形,下面收进厚度的1/10;燕尾榫两侧肩膀各分为三等分,一份与柱外缘相抵,称做"撞肩",两份向回画弧,弧外部分去掉,称做"回肩",然后再四面按所在面的1/10倒棱。至此燕尾榫制作完成。

大额枋的顶端做箍头榫与角柱相交,枋头伸出角柱以外,此枋称做箍头枋。箍头枋有单面箍头枋,用于悬山建筑,有搭交箍头枋用于庑殿、显山和带角建筑。箍头枋的造型有两种,一种称做霸王头,用于带斗栱的大式建筑;一种称做三岔头,用于不带斗栱的大式建筑及带角建筑。

(二) 箍头枋的制作

1. 单面霸王拳榫的制作

首先确定箍头枋的长度,即面阔长两端各减半个柱径为净长,若枋的一端做燕尾榫,另一端做箍头榫,则一端加柱径的1/4燕尾榫长,另外一端加1柱径为榫长,再加半个柱径的霸王拳长。以柱中线与枋身上面的中线交点为圆心,以柱半径画圆弧,箍头枋的头部宽与高各为枋正身的8/10,所以左右两侧各去掉枋厚的1/10,称做"扒腮",榫的高度,自柱径里缘往外1/3柱径处至枋顶端止,将底面去掉枋高的1/10;而榫的厚度为枋厚的1/3,把弧内留下中间1/3枋的厚度做榫,两侧其余部分去掉;里外的"撞肩"与"回肩"做法与燕尾榫的撞肩、回肩相同,单面箍头榫完成。

2. 十字搭交榫的制作

在单面榫的基础上,再做十字搭交榫口。榫口宽为 2 斗口或 1/3 柱径,榫口高为榫高的 1/2。山面榫口朝下,檐面榫口朝上,山面枋扣压檐面枋。

3. 霸王头的制作

自枋的上端点 A 向下 1.5 斗口(或 1 椽径)处画一点 B,再自枋的下端 C 点向里点一点 D,使 CD 长等于 CB,连接 BD,并将 BD 分为六等分;自 C 点作垂线交于 F 点,并自 F 点以一份距离在 FC 线上点一点 E;而后自上而下,以一等份的 1/2 为半径向内画弧;以一等份的 1/2 为半径向外画弧;以 E 点为圆心,以一份为半径向外画大弧;以一等份的 1/2 为半径向外画弧;以一等份的 1/2 为半径向内画弧,去掉弧线以外的部分,完成霸王头的制作(如图 5-27、图 5-28 所示)。

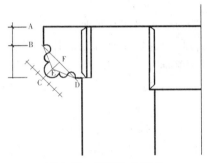

图 5-27 霸王头的制作

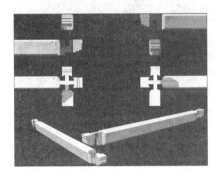

图 5-28 霸王头

4. 三岔头的制作

三岔头长,由柱中向外加长 1.25 柱径,枋头伸出柱外 0.75 柱径,其高为 8/10 枋高,将伸出的部分自上而下分三等份,得 A 点、B 点、C 点、D 点,自外向内分为三等分,得 E 点、F 点、D 点。连 E 与 B 点,连 E 与 B 点,连 F 与 C 点,三条线相交,将线外部分去掉,所得图形即为三岔头(如图 5-29、图 5-30 所示)。

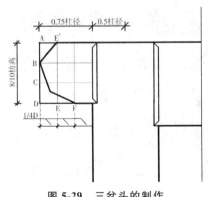

图 5-29 三岔头的制作

图 5-30 三岔头箍头枋

二、小额枋

小额枋位于大额枋与额垫板之下,起连接柱子的作用。其长等于面阔,左右各减半个柱径为净长,再左右各加 1/4 柱径为入榫长度,枋高为 4 斗口,厚 3.2 斗口。榫厚 1 斗口或 0.3 柱径，高 4 斗口或等于柱径。正身两端作燕尾榫，梢间、山面转角及带角建筑作大进小出榫，大进部分榫高同枋高，榫厚等于枋厚的 1/3，榫长为半个柱径，小出部分高为枋高的 1/2，长 1 柱径。山面榫压檐面榫。

三、檐枋

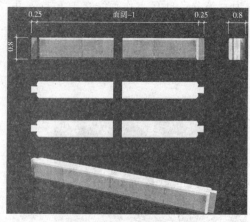

图 5-31　檐枋

檐枋为小式建筑两柱间的方木，长等于面阔左右各减半个柱径为净长，左右各再加 1/4 柱径入榫长度，正身两端作燕尾榫；用于攒尖建筑作搭交三岔头榫（如图 5-31 所示）。

四、穿插枋

穿插枋位于桃尖梁或抱头梁之下，是纵深方向的构件，起联系檐柱与金柱的作用，使之成为一个整体，得以加固。带斗拱大式建筑，穿插枋的小出榫的上皮位于额枋的下皮，不带斗拱的大式建筑或小式建筑，其上皮与檐枋下皮齐（如图 5-32 所示）。带斗拱的大式建筑穿插枋厚 3.2 斗口，高为 4 斗口；小式建筑枋高等于柱径，厚为 8/10 柱径。穿插枋作法有两种，一种两端都作大进小出榫，榫头露出柱外。此种作法，枋的长等于廊步架长两端再各加一个柱径，大进部分榫高同枋高，榫厚为枋厚的 1/3，榫长为半个柱径，小出部分高为枋高的 1/2，长 1 柱径。另一种做法，前端作大进小出榫，后端与金柱相交作半榫。半榫长为柱径 1/4，榫高同枋高，榫厚为枋厚的 1/3。榫头造型根据形制、位置需要可做方头、三岔头或麻叶头。比如硬山建筑的穿插枋为方头，攒尖建筑的枋为三岔头，垂花门的穿插枋为麻叶头（如图 5-33 所示）。

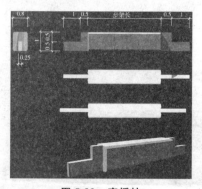

图 5-32　穿插枋

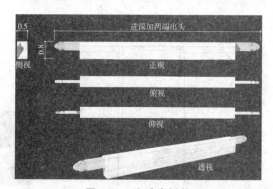

图 5-33　麻叶穿插枋

五、随梁枋

随梁枋一般只用于大式建筑，小式建筑不用，位于进深两柱之间，七架梁或五架梁之下，起连接两柱与加强梁的承重作用。其长等于步架长两端各减半个柱径得净长，再各加柱径的 1/4 入榫长，得总长。高等于柱径，厚等于高的 8/10。

六、随桁枋

随桁枋一般只用于大式建筑，小式建筑不用，它是横向构件，紧贴桁的底皮，长等于面阔两端各减半个柱径为净长，两端再各加 1/4 入榫长度，高等于柱径，厚为 0.8 柱径。

七、燕尾枋

燕尾枋一般只用于悬山建筑，悬山檩头伸出山墙以外，各檩桁下附以燕尾枋，借以加大檩桁与博风板的固定面（如图 5-34 所示）。其长等于六个椽径加入榫长的 1/3 桁径，即 8 椽径，厚等于垫板的厚度，高等于垫板的高度。枋里端与脊瓜柱和各梁柁相交，往外至长度的 1/2 处，按高的 2/5 作燕尾形，其端部与檩头一起插入博风板窝内约 1/2 椽径，固定博风板。

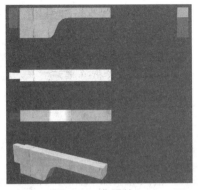

图 5-34　燕尾枋

第四节　檩桁

檩与桁在木构架中是横向的圆木，檩桁安装在各梁柁的两端和脊瓜柱的桁椀内。檩桁由于位置名称也不同。除挑檐桁外，它们的直径是相等的，正身檩长随面阔，一端加 1/3 檩径的榫长为实际长度。带斗栱的大式建筑，正心桁直径为 4～4.5 斗口，挑檐桁直径为 3 斗口，小式建筑檩径等于檐柱柱径。檩桁一端做 1/3 柱径长的燕尾榫，另一端做相对应燕尾榫的卯口（如图 5-35 所示）。

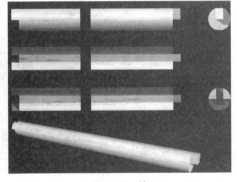

图 5-35　檩

燕尾榫长为檩桁径的 1/3，榫宽同长，根部按宽的 1/10 收分。檩桁两端搭在梁头上，由于各架梁的宽窄不同，梁头鼻子的宽窄也不同，所以要把檩桁两端下口，去掉一半鼻子榫所占的部分；另檩桁背部凡与其他构件相叠加，必须刨出一个平面，宽为 1/3 桁径，称之为"金盘线"，目的是加强叠加构件的稳定。檩桁做完还要在上面点出椽中线位置（椽花线）。

带斗栱的大式建筑檐部有挑檐桁、正心桁，小式建筑只有檐檩，其他称呼相同：金桁（金檩）、下金桁（下金檩）、上金桁（上金檩）、脊桁（脊檩）。

一、檐桁（檐檩）

位于檐部的桁（檩），正身桁檩长随面阔，或进深，一端加 1/3 檩径长做燕尾榫，另一端作相对应的卯口，安装在梁柁两端背部的桁（檩）椀内。

二、金桁（金檩）

位于檐桁（檩）与脊桁（檩）之间的檩桁统称金桁（檩）。由于位置不同名称也不同。

（一）下金桁（檩）

在檐檩之内，紧靠檐檩的那根桁檩。

（二）上金桁（檩）

在下金桁檩之上，脊檩桁之下的那根桁檩。

（三）脊桁（檩）

位于脊瓜柱之上，扶脊木之下。

（四）搭交檩桁

搭交檩桁用于庑殿式、显山式及攒尖式建筑，由两个面的檩桁搭交在一起，檩桁长为梢间面阔长，做搭交榫的外端加1.5桁径的搭交桁头（如图5-36所示）。

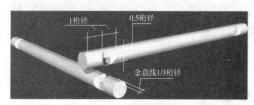

图5-36 搭交檩桁

正搭交檩桁做法如下。

在搭交檩桁上面刮出1/3桁径的金盘线，在檩桁迎面画出十字中线，并延伸到檩桁长身方向，同时将桁径宽分为四等分，中间两等份为卡腰榫厚；自檩桁顶端向里1.5柱径处用45°角尺过两中线交点画对角线，此线为两檩桁卡腰榫的交线。去掉榫线外及卡腰榫交线以里部分，山面盖口檩桁去掉下面1/2榫高，檐面等口檩桁去掉上面1/2榫高，至此搭交卯榫制作完成。

（五）扶脊木

扶脊木处于脊桁之上，其功能主要有两方面，一是加固正脊，扶脊木上的脊桩下面穿入脊桁1/3桁径，使之成为一个整体，上面高度直达正脊筒子中部，扶持正脊，故称扶脊木；二是在两下坡面做椽椀，安装脑椽。其长同面阔，外加一端桁径的1/3入榫长度，里端做相对应的卯口，直径与脊桁相等，它是截面为六角形的棱木，它的下皮紧贴脊桁的上皮，并用脊桩将两者连为一体。

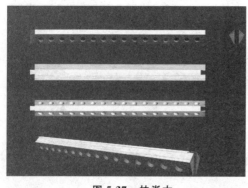

图5-37 扶脊木

思考题

1. 柱、梁、枋、檩桁等构件在梁架结构中各起什么作用？
2. 檐柱、金柱、中柱、瓜柱、童柱之间的区别是什么？
3. 抱头梁与七架梁的梁头如何制作？
4. 箍头枋用于何处？有几种形式？如何制作？
5. 霸王拳与三岔头如何制作？

第六章
板、椽、连檐及其他构件

———◦ 本章提要 ◦———

本章主要讲述檩桁以上、苫背以下大木中的构件——板、椽、连檐、闸口木、里口木、椽中板、瓦口木等,对它们的种类、在梁架中的位置、功能、造型、尺度、制作方法及相互之间的关系等内容展开论述。

第六章

森林、生植及其物㸃件

一、概论

第一节 板

在大木中，除柱、梁、枋外，还有一种构件称做板，它是长、宽、厚、薄不同的构件，板的功能主要起遮挡、保护、承载等作用。由于板的形制和所在位置不同，其功能、名称、样式、尺寸也不相同。下面对各种板做逐一介绍。

一、垫板

垫板位于枋与檩桁之间，由于位置不同，其名称也不同，有檐垫板、金垫板、脊垫板等。其净长等于面阔减柱径一份，再左、右各加板厚的一份作榫长，得板总长，高为一平水或2.5椽径，厚等于柱径1/3～1/4。

二、博风板（博缝板）

博风板用于悬山和显山式建筑，因其梢间檩桁挑出山墙以外，易受风雨侵蚀，用博风板加以封护。博风板随各椽的长定长，其宽为桁径两份或7椽径，其厚为桁径的1/3，两段博风板相接，用龙凤榫，榫长与厚各为板厚的1/3，板的一端做榫，另一端做卯口，尺寸与榫相适应。博风板随房屋梁架举折形成一条柔和的曲线，前后檐端做成霸王拳造型。每山博风板随两坡成人字相交。在博风板与檩桁相交处，外面加七颗钉，六颗均匀摆成圆形，另一颗摆在正中。此钉起与檩桁顶端共同加固博风板作用，同时也是一种装饰。

博风板霸王拳有两种做法。

（一）自博风板下角向内1/2博风板的宽度处，点一点，连此点与博风板的上角成一条直线，将此线分为七等份，自上而下作图：自板的上角以一份之长向板内画一点，连此点与第一等分的底点成一小斜线；其余六份，以一份中点为圆心，以1/2长为半径，第一份向内画弧；第二份向外画弧；第五份向外画弧；第六份向内画弧；第三份和第四份两者中心为圆心，以线段一分之长为半径向外画大弧；将线形以外部分锯掉，所得图形为博风板霸王拳（如图6-1所示）。

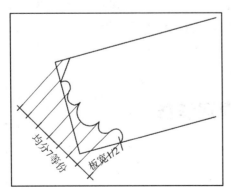 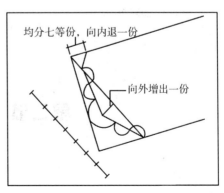

图6-1 博风板霸王拳两种做法

（二）第二种画法基本与第一种相似，只是在其余六等份中点向外垂直一等份处点一点，并与第二点第七点连线，整个画法与前者相同。此种画法所得形象向外突出，更加鲜明。

三、望板

望板位于各椽之上，其上铺苫背，其厚为椽径的 1/5～1/3，望板可横向铺亦可顺向铺。在檐椽小连檐以内，铺满屋面后，安装飞椽，飞椽上安装大连檐，再在大连檐内铺压飞尾望板。

（一）顺望板

顺望板宽 2 椽径，长随各架椽净长，望板两边各压在相邻两椽中线上，即接缝在椽中线上，望板之间衔接用企口榫或龙凤榫，即使铺顺望板，但飞椽押尾处、翼角处一般都用横望板。

（二）横望板

横望板做法与顺望板没大区别，只是横向铺，板的顶端搭接应在椽中线上，并交错铺钉。

四、滴珠板

滴珠板只用于楼房平座外檐，起封护作用。它是由若干竖向板块穿成，其下部做成如意头形状，固定在平座最外边的檐边木上。其高为斗栱高，厚为 1 椽径或 1 斗口（如图 6-2 所示）。

图 6-2 滴珠板

五、栱垫板

栱垫板用于斗栱攒当之间，起隔绝、防护、防风、隔温作用。长为栱当距左右各加 0.24 斗口，厚 0.24 斗口，高 5.4 斗口。

六、盖斗板

用于斗栱各枋之间，盖斗板长随斗栱攒当，厚 0.24 斗口，宽 2 斗口；斜盖斗板长与厚同盖斗板，宽为 2 斗口加斜（乘以 1.414）。

第二节　椽及连檐

一、椽

椽是排列在檩桁与檩桁间的木棍，与檩桁成 90°相交，它的上面承托着望板。每间房的椽数应为双数，每椽空当为椽径一份，俗称"一当一椽"。由于椽所处位置不同其名称长短也不同：最上一列的上端与脊桁或扶脊木相交的称脑椽；最下列的称檐椽，它是所有椽中最长的椽；其他各列皆称花架椽；檐椽之上还有一层短椽，称做"飞椽"。

（一）檐椽

檐椽截面一般为圆形，也有方形者，椽径大式为 1.5 斗口，小式为檩径的 1/3，位于廊步架或檐步架，伸出檐檩桁以外，长为步架长加上平出的 2/3，再加举定长。

（二）飞椽

飞椽截面一般为方形，直径同檐椽，位于檐椽之上，向外挑出，挑出部分称之为椽头，头长为檐平出的 1/3 加举定长，尾部位于挑檐桁或檐桁以里。飞椽的下皮自小连檐位置向里做成楔形，头尾之比为 1：2.5，附在望板之上。飞椽两侧位于小连檐的位置，刻有闸板槽，槽宽与深同闸板厚。

（三）下花架椽

下花架椽长为步架加举定长，截面与径同檐椽。

（四）上花架椽

上花架椽长为步架加举定长，截面与径同檐椽。

（五）脑椽

脑椽长为步架加举定长，截面与径同檐椽。

（六）罗锅椽

罗锅椽位于卷棚建筑的顶椽，侧面为弧形，长按顶步架两端再各加金盘线半份（1/6桁径），截面与直径同檐椽。罗锅椽的弧度，自两端下皮至顶端底皮高为 1~1.5 椽径（如图 6-3 所示）。

罗锅椽一般不直接安装在顶桁上，而是先在顶檩桁的金盘线上加脊枋条，脊枋条宽为 1/3 桁径，厚为宽的 1/3，而后再把罗锅椽钉在脊枋条上。安装时注意罗锅椽与檐椽的上皮要平，不能出错茬。

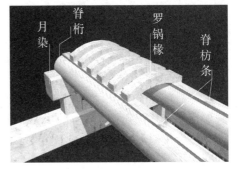

图 6-3 罗锅椽

（七）板椽

板椽只用于圆形攒尖建筑，因圆形攒尖屋面是从中心雷公柱起圆形放射状，所以只有檐椽能使用单根椽，檐椽以上各步架只能以板带代椽，根据具体情况做成若干块梯形或三角形的板，铺在由戗上面。板厚同椽厚。

二、椽椀

椽椀位于檐桁或挑檐桁背部，是一块带有圆孔的木板，使椽子从孔中穿过，起固定椽位、封堵檐椽之间空当、隔绝、保温、防止鸟类钻入筑巢的作用。其长等于面阔，椽椀高等于一又三分之一椽径，椽椀厚等于椽径 1/3。椀与椀之间距离由椽花线定，直径同檐椽径。

三、小连檐

小连檐是位于檐椽椽头上的横条木，起固定檐椽椽位的作用。与椽顶端距离为椽径的 1/4，这段距离称做小台。小连檐长同面阔，宽同椽径，高为望板厚的 1.3 倍。

四、大连檐

大连檐是位于飞椽头背部上的横条木，起连接固定各椽的作用，前面也留出小台。其长等于通面阔，高与宽均等于 3/10 檩径。大连檐外皮垂直于飞椽，里皮自底部向外倾斜，顶部留出椽径 1/5 的小平面，截面呈梯形。

五、闸口木（闸挡板）

闸口木位于小连檐之上，两飞椽之间，是用来堵飞椽之间的空当小薄板，与小连檐垂直安装，两端插入椽侧槽内。高同飞椽，厚同望板，长按净椽当加两端入槽尺寸。

六、里口木

图 6-4　檐部各构件之间关系图

里口木是代替小连檐和闸挡板的一种构件，以一当二。长随面阔，高为小连檐高加飞椽高，宽厚同椽径。

七、椽中板

椽中板是位于金檩之上的薄板，夹在檐椽上端与下花架椽下端之间，作用同椽椀。长随面阔，厚同望板，高为金檩上皮至椽的上皮。

八、瓦口木

瓦口木位于大连檐之上，功能是起固定仰瓦的作用。其长随连檐，高根据瓦件形制尺寸而定，厚等于高的 1/4。瓦口木安装在大连檐内，外面做斜坡，紧贴大连檐内皮，应垂直于地面。

第三节　其他构件

一、枕头木

枕头木用于庑殿式、显山式及其他带角的建筑物，其功能将翼角部位的椽由正身逐渐垫高 4 椽径。在带斗栱的大式建筑中，它位于搭交挑檐桁与搭交正心桁之上，高的一端紧贴角梁；不带斗栱的大式建筑，它位于搭交檐桁之上。

正心桁上的枕头木长等于廊的长度，厚为桁径的 1/3，高 2.5 椽径，侧面为楔形，上面刻有椽椀；挑檐桁上的枕头木长等于廊的长度，厚为挑檐桁径的 1/3，高 2.5 椽径，根据翼角椽根数刻出椽椀。

二、踏脚木

踏脚木用于显山建筑，其上支撑着草架柱。长等于两步架长加两个桁径，高等于桁径，厚为 0.8 桁径。它的截面底部按山面檐椽举架坡度做成斜面。搭在山面檐椽上并与挑出的檐面下金桁相结合（如图 6-5 所示）。

三、草架柱

草架柱截面为方形，厚、宽为 1/2 桁径，高随步架加举。下立于踏脚木背部，上顶着山面挑出的桁头。

四、穿

穿是连接草架柱的构件，长两个步架，截面同草架柱。

五、雀替

雀替位于额枋与檐柱相交 90°角的位置（如图 6-6 所示）。它应是由替木演变而来的，原始作用是承托额枋，加强额枋榫的受力程度，后慢慢演变为一种装饰。清代雀替尾部做半榫插入檐柱，头部钉在额枋下皮。雀替长为房间净面阔的 1/4，高同额枋，厚为柱径的 1/3。雀替头部为楔形，下面是斗子造型，斗子长 3.1 斗口，高 2 斗口，厚同雀替。

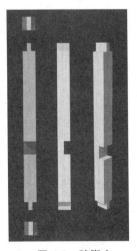

图 6-5　踏脚木

图 6-6　雀替

六、替木

替木常用于中柱或山柱，位于单步梁、双步梁或三步梁之下，由于这三种梁与中柱或山柱相交，无法做拉力强的卯榫，所以在梁之下附加以替木，借以联系与加强梁与柱的拉结作用。替木的截面为方形，底部两端抹角，长 3 柱径，高、厚各为 1/3 柱径，中间 1/3 处两边各刻掉 1/3，安装在梁卯眼下的口子内，两端用暗销与梁的底皮相连接。

思考题

1. 板有几种？各自尺度如何计算？
2. 博风板顶端霸王拳如何制作？
3. 檐部檩桁以上由哪些木构件组成？各自的尺度如何计算？
4. 枕头木在檐部起何作用？其尺度如何？
5. 踏脚木、草架柱、穿三种构件用于何种建筑？各自尺度如何？
6. 雀替用于何处？其造型与尺度如何？

第七章
翼角造型结构

———◦ 本章提要 ◦———

　　本章主要讲述翼角造型结构。翼角是檐部的一部分，是檐部的延续与演变。翼角由老角梁、子角梁、窝角梁、递角梁及翼角椽等构件组成。

　　根据老角梁与子角梁在建筑中的位置，有扣金、插金、压金等不同结构方式；角梁又分大式与小式两种，形制不同造型也不同。重点介绍它们的造型、尺度及制作方法。

第十章

導食並時代

第一节　翼角的形成

中国古代建筑无论单檐或重檐，屋面只要有四个面，就会产生翼角。庑殿式建筑、显山式建筑、四角至多角攒尖建筑以及凡是带有转角的建筑都有翼角结构造型。

翼角是中国古代建筑独具特色的结构造型。翼角是檐部的一部分，是檐部的延续与演变。所谓"翼角"，两屋面自正身始，檐部逐渐上升并延长，至相交处。状似飞鸟展翅，造型生动优美，故命名为"翼角"。

翼角是屋檐外转角部分的总称，它的形成是由两屋面相交处，45°位置的老角梁、子角梁、枕头木、翼角椽、翼角飞椽及其各部件相组合的结果。从平面上看，自正身始至角梁顶部，檐椽、飞椽同时向外延伸；从立面看，檐椽、飞椽同时向上翘起。

下面介绍翼角的构件组合。

第二节　老角梁、子角梁

翼角造型由若干构件组成，其中包括老角梁、子角梁、枕头木、翘飞椽、及大小连檐和檐头望板等，其中主要构件是角梁。

一、角梁

所谓角梁，有三种：递角梁、窝角梁、角梁。这里所说的角梁是两屋面相交所形成的外拐角处的梁，称角梁。它处在檐面与山面相交处45°的位置。角梁是一组梁，包括老角梁和子角梁上下两种。底层较短称做老角梁，上层较长称做子角梁。

角梁所在的位置，是在建筑物的山面和檐面各成45°角的平面位置上（庑殿式、显山式），或在两个屋面相交成一定角度的平面位置上（三角亭至多角亭），它的头部搭交在搭交檐桁上，它的尾部安装有三种形式：即扣金做法、插金做法、压金做法。

下面对三种做法分别作以介绍。

（一）扣金做法

老角梁梁头搭在檐面檐桁和山面檐桁的搭交点上，尾部自下而上承托搭交金桁，并与子角梁的尾部将搭交金桁包在一起。带斗栱的大式建筑，老角梁前面伸出正心桁和挑檐桁以外，不带斗栱的建筑，前面伸出檐桁以外，顶端做成"霸王拳"装饰造型，尾部承托檐面与山面的搭交金桁。老角梁有大式与小式之分，大式老角梁的截面，厚3斗口，高4.5斗口；小式老角梁截面，厚2椽径，高3椽径。翼角顶端椽头要长出正身椽头3椽径，要比正身椽头高出4椽径，俗称"冲三挑四"。根据这个口诀，带斗栱的大式建筑老角梁在平面投影上的长度为：廊步架长加正心桁中至挑檐桁中的距离，加2/3檐平出，加2椽径，再全部加斜（乘以1.414），再加尾部的长度6.6斗口得总长，然后再根据廊步五举，计算出立面上老角梁的实际长度。

无斗栱建筑老角梁在平面投影上的长度为：廊步架长加 2/3 檐平出，加 2 椽径，加尾部的长度 1.5 桁径，再整个加斜（乘以 1.414），然后再根据廊步五举，计算出立面上老角梁的实际长度。

老角梁的底部在与搭交正心桁、搭交檐桁的搭交处凿斜桁椀，它的后尾背部与搭交金桁的搭交处凿斜桁椀，梁头做成霸王拳造型，尾部做成三岔头造型。

角梁斜桁椀做法如图 7-1 所示。

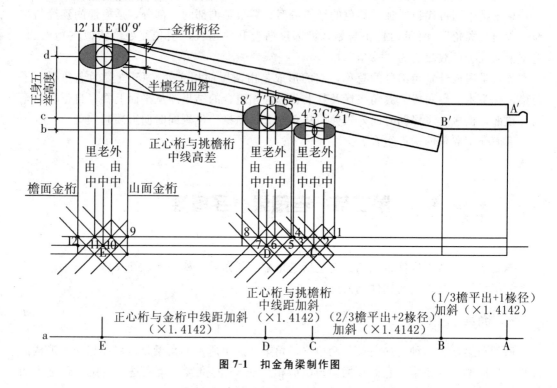

图 7-1 扣金角梁制作图

1. 画一条直线 a，设定为老角梁在 45°平面投影上的轴线，并根据廊步架长度、正心桁至挑檐桁之间的距离（小式没有此项距离）、2/3 檐平出加 2 椽径，再加斜后的尺寸，确定出各点，其中 B 点为梁头顶端，C 点为搭交挑檐桁的搭交点，D 点为搭交正心桁的搭交点，E 点为搭交金桁的搭交点。

2. 以 a 线为中心，大式按 3 斗口画出老角梁的厚度（小式按 2 椽径画出老角梁的厚度），然后以 C 点、D 点、E 点为中心，分别画出搭交挑檐桁、搭交正心桁和搭交金桁与老角梁相交的平面投影图。这样得出了老角梁的轴线和边线与各搭交檩桁轴线及边线的各个交点，点 1、2、C、3、4；点 5、6、D、7、8；点 9、10、E、11、12。其中 E 点为老角梁轴线与搭交金桁的各 45°的交点，称之为搭交金桁的老中，D 点为搭交正心桁的老中，C 点为搭交挑檐桁的老中。点 2、3 为搭交挑檐桁轴线与老角梁侧面的交点，点 2 称外由中，点 3 称里由中，点 1、4 为搭交挑檐桁与老角梁相交的里外界线，即搭交挑檐桁与老角梁 45°相交的斜桁椀位置；点 6、7 为搭交正心桁的外由中和里由中，点 5、8 为搭交正心桁与老角梁相交的里外界线，即与老角梁 45°相交的斜桁椀位置；点 10、11 为搭交金桁的外由中和里由中，点 9、12 为搭交金桁与老角梁相交的里外界线，即与老角梁 45°相交的斜桁椀位置。

3. 在 a 线上方画一条与 a 线相平行的 b 线，并定 b 线为通过挑檐桁立面中的水平线，通过 1、2、C、3、4 各点向上引垂直线与 b 线相交，得到点 $1'$、$2'$、C'、$3'$、$4'$ 相对应的各点，其中 C' 为老中、$2'$ 为外由中、$3'$ 为里由中，它们是搭交挑檐桁斜桁椀的圆心，$1'$、$4'$ 是斜桁椀在老角梁上的边缘线。

4. 自 b 线向上按正身五举的距离再画一条与 b 线相平行的 c 线，定它为通过正心桁立面中的水平线，并通过 5、6、D、7、8 向上引垂直线，与 c 线相交，得 $5'$、$6'$、D'、$7'$、$8'$ 各点，其中点 D' 为搭交正心桁的老中，$6'$、$7'$ 为搭交正心桁斜桁椀的圆心；$5'$、$8'$ 为斜桁椀在老角梁上的边缘线。

5. 再依据正心桁与金桁的高差，向上画一条与 c 线相平行的直线 d 线，并定它为通过金桁立面中的水平线，并通过点 9、10、C、11、12 各点向上引垂直线，与 d 线相交，得 $9'$、$10'$、E'、$11'$、$12'$ 各点，其中点 E' 为搭交金桁的老中，$10'$ 为外由中、$11'$ 为里由中，$9'$、$12'$ 为搭交金桁在老角梁上斜桁椀的边缘线。

6. 点 E' 为老角梁的上皮，点 $1'$ 为挑檐桁的直径与老角梁的下皮交点。根据 E'、$1'$ 画出老角梁的斜度、高度和长度，并和以上各垂直线与 b、c、d 线相交，这样就得出老角梁侧面斜桁椀的位置，即图 7-1 中涂黑的椭圆，根据它凿出各搭交挑檐桁斜桁椀。

老角梁头做法与搭交额枋的霸王拳做法完全相同。

扣金做法：扣金是指它的尾部由下而上与子角梁的尾部由上而下两者将金桁合扣在一起，这种扣金做法尾部做成三岔头造型做法与搭交额枋小式三岔头做法完全相同（如图 7-2 所示）。

（二）插金做法

插金做法是指老角梁与子角梁尾部做插榫与金柱相交（如图 7-3 所示）。

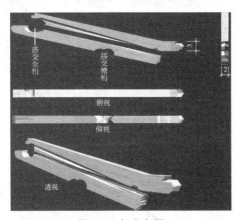

图 7-2 扣金角梁

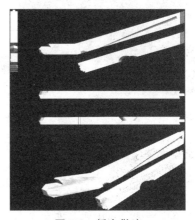

图 7-3 插金做法

（三）压金做法

压金做法是指子角梁尾部终止在老角梁背部的 1/2 处，或到达金桁或金柱，老角梁尾部下面刻斜桁椀扣压在金桁上（如图 7-4 所示）。

二、子角梁

子角梁位于老角梁的上部，它的底部贴着老角梁的背部，由两个暗销固定（如图 7-

5、图7-6所示）。子角梁的高度与老角梁同高，厚与老角梁同厚。带斗栱的大式建筑子角梁的长度等于老角梁的长度加1/3平出再加1椽径，而后再加斜，再加前面2椽径的套兽榫长（如图7-7所示）。子角梁自老角梁头部起，向上翘平，后尾上部做压掌榫，底部作斜桁椀扣在搭交金桁的搭交处。子角梁的两侧刻椽槽，尾部自金桁外金盘线起，宽度为1椽径，向前向下延伸，至第一根翼角椽尾部，约在老角梁的位置上2/3处，其斜度椽头上皮与老角梁的上皮齐。

图7-4 压金做法

图7-5 小式子角梁三岔头

图7-6 大式子角梁套兽

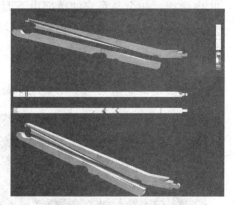

图7-7 大式子角梁套兽榫

无斗栱建筑子角梁梁头做成三岔头造型。

三、由戗

无论庑殿式、显山式、四角至多角攒尖式、大式和小式建筑，翼角都需使用由戗。由戗的位置，上至脊桁相交，下与子角梁相接，或上支撑雷公柱，承受脊的荷载。由戗按位置可分下花架、上花架、脊花架等。由于每步架举折不同，所以各个花架由戗长也不相同。

下花架由戗的长度应由戗截面高、宽同子角梁的高、宽，长等于步架加斜，再按自身举架增高，得通长。

脊花架由戗：其高、宽同下花架由戗，长等于步架加斜，再用自身举架增高得通长。每根由戗一端还要加自身宽一份，做斜交榫。此外，由戗两个侧面刻有半个椽径深的椽槽，用以承纳转角处的椽子。

第三节 窝角梁、递角梁、翼角椽

一、窝角梁

两个屋面相交,形成90°角,位于里角45°位置的梁,称做窝角梁(如图7-8所示)。窝角梁与角梁很相似,但有些不同,老角梁尾部不是从下面承托檐面和山面金桁,而是搭在两金桁相交处,而且窝角梁既不冲三也不挑四,在平面上要与两侧檐口交圈。窝角梁的老角梁长等于步架加斜加檐出再加举为总长,高3斗口(2椽径),厚3斗口(2椽径),前端做成霸王拳,腹部凿斜桁椀与搭交挑檐桁、搭交正心桁、搭交金桁相交,尾端做压掌榫;子角梁截面同老角梁,不做大连檐口子,因大连檐是搭在子角梁的上皮,合角相交,头部大式加套兽榫,小式做成三岔头,但不起峰。

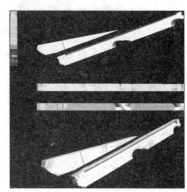

图7-8 窝角梁

二、递角梁

递角梁常用在游廊的转角处,递角梁是与左右正身梁各成45°的梁,搭在内外的角柱上。长为正身梁加斜,高、宽同正身梁,正身梁与檩桁垂直成90°角,递角梁与左右檩桁各成45°夹角。

三、翼角椽

翼角椽与正身椽的看面外形没什么区别,截面有圆形也有方形。所谓翼角椽就是在转角同正身梁成45°夹角。翼角椽的后尾不是圆形或方形,比前者要窄,自最末一根依次往前越来越窄,成为楔形。翼角椽的数量依据建筑物的规模而定,亭榭、游廊每面可7根、9根、11根,殿堂每面可有15根、17根、19根,规定为奇数。

翼角椽数具体计算方法:带斗栱建筑翼角椽计算方法为,廊步架尺寸加斗栱出踩尺寸(不带斗栱的建筑无此项)再加平出尺寸除以一椽一当尺寸,所得数取其整数,小数点后面去掉,若为奇数即为所求翼角椽数,若为偶数,再加一,即所求翼角椽数。公式如下:

(廊步架+两拽架+挑檐桁中至飞椽头外皮的距离)÷30=角椽数

下面以带斗栱大式建筑斗口10公分五踩斗栱建筑为例,代入上述公式其翼角椽数为:

[廊步架长按2.4米+60公分(两个拽架)+2.1米(挑檐桁中至飞椽头外皮为21斗口)]÷一档一椽(椽径1.5斗口,椽当1.5斗口),得17根翼角椽。

再以小式建筑,柱径30公分为例,其翼角椽数公式为:

(廊步架+两拽架+挑檐桁中至飞椽头外皮的距离)÷30=角椽数

如,[廊步架1.5米(廊步架按5柱径)+1.1米(上檐出按柱高1/3)]÷一档一椽(椽径10公分,椽当10公分)得13根翼角椽。

椽的长度自正身至角梁所冲出的长度逐根增加，贴近老角梁的那根椽顶端几乎接近角梁冲出的长度，即2椽径。若把贴近角梁的那根椽称第一根，靠近正身椽的那根称末尾，那么第一根翼角椽尾部插在老角梁约2/3的位置上，自此依次按0.8椽径的等距向后移，末尾那根翼角椽的尾部与搭交金桁的外金盘线相交。

思考题

1. 角梁的功能是什么？
2. 角梁有几种形式？
3. 老角梁的长度如何计算？搭角桁椀如何制作？
4. 角梁有几种做法？

第八章
几种常见的古代建筑形式

———◇ 本章提要 ◇———

　　本章主要讲述的是介绍几种常见的古代建筑形式：硬山式建筑、悬山式建筑、庑殿式建筑及显山式建筑，它们的梁架结构组成程序、墙垣结构、屋面造型及脊饰。

　　此外对囤顶式、勾联搭、盝顶、平顶、单坡式等建筑形式也做以简单介绍。

第一节 硬山式建筑

硬山式建筑是明清时期最常见的一种建筑形式,它分为带斗栱的大式建筑和不带斗栱的大式建筑与小式建筑。硬山建筑有单坡和双坡两种,双坡较多,单坡常见于河北西部、山西、陕西等地。双坡硬山应用得最为广泛,不仅民居使用,商铺、庙宇、园林、府衙、营寨、甚至皇城内都有硬山式建筑。所以硬山建筑是我们研究的重点,我们不仅要了解硬山的外观造型,还必须弄清形成外观的内部结构。认真研究硬山还在于硬山的梁架结构是中国古代建筑各种形式建筑的基本结构形式,硬山建筑结构的掌握有助于对其他建筑形式的理解与掌握。

硬山建筑包括基座、柱梁架、墙垣和屋面三大部分,基座前面已做介绍,现将柱梁架、墙垣和屋面分别作以介绍。

一、大式梁架结构

硬山建筑的梁架有多种形式,有三檩硬山、五檩硬山、六檩前出廊硬山、七檩前后廊硬山、卷棚硬山等。硬山建筑有大式与小式之分,大式有带斗栱和不带斗栱之别,但带斗栱的较少,即使带斗栱,没有出踩之例,一般为一斗三升,或一斗二升交麻叶(如图8-1所示)。

现以七檩前后廊硬山为例,其梁架结构如下。

(1)檐部横向结构,檐柱下端管脚榫坐落在基座柱顶石的海眼内,檐柱与檐柱横向之间,由额枋或檐枋相连接,枋顶部与檐柱顶部相平。带斗栱的大式建筑,有的只有一根枋,额枋,有的有两根枋,上面一根称做大额枋,下面一根称做小额枋,两根枋相距约2斗口。额枋上顶着平板枋,平板枋上再安装平身科(一斗二升交麻叶或一斗三升)、柱头科、角柱科,因硬山只有前后两坡,没

图 8-1 一斗二升交麻叶斗栱硬山建筑

有翼角,所以没有45°的斜栱角柱科。斗栱顶着正心枋,枋顶着檐桁,檐桁上铺椽条;不带斗栱建筑,没有平板枋,没有斗栱,檐柱直接顶着抱头梁。

(2)檐部纵向结构,带斗栱的大式建筑,平板枋上安装平身科,檐柱平板枋上顶着柱头科,柱头科顶着梁头,梁尾部做半榫与金柱相交;不带斗栱的大式建筑及小式建筑,柱头直接顶着抱头梁,梁尾做半榫与金柱相交;带斗栱的大式建筑,檐枋下安装一根穿插枋,穿插枋小出榫的上皮与檐枋或大额枋的下皮相平,不带斗栱的大式建筑与小式建筑,穿插枋的上皮与檐枋的下皮相平,穿插枋尾部做大进小出榫(透榫)将檐柱与金柱联系在一起;梁头背部做桁椀,檐桁安装在桁椀里。

(3)在檐桁与檐枋之间安装檐垫板;在前后檐柱往里一步架(廊步架)立金柱,金柱

横向由下金枋相连，下金枋与下金桁之间安装金垫板。

（4）前后金柱在纵深方向，顶着五架梁，五架梁下安装随梁（随梁枋）；五架梁头两端背部做桁椀，安装下金桁；下金桁下安装垫板，垫板下安装下金枋，再在梁头两端各往里一步架位置立瓜柱，瓜柱顶着三架梁。

（5）三架梁头背部做桁椀，安装上金桁，上金桁下安装金垫板，金垫板下安装上金枋。

（6）再在三架梁正中位置安装脊瓜柱，脊瓜柱下安装角背；瓜柱顶着脊桁，脊桁之下安装脊垫板，脊枋，脊枋之上安装扶脊木。

（7）檩桁上铺椽，檐桁与下金桁之间铺檐椽，下金桁与上金桁之间铺花架椽，上金桁与扶脊木之间铺脑椽；檐椽头安装小连檐和闸口木或里口木，小连檐以内椽上铺望板；檐椽上面安装飞椽，飞椽背上安装大连檐，大连檐以内安装压飞椽尾望板，大连檐上安装瓦口木，以备安装板瓦。

二、小式硬山建筑梁架结构

小式硬山建筑梁架结构非常简单，以五架梁为例，其梁架结构如下。（如图 8-2、图 8-3 所示）

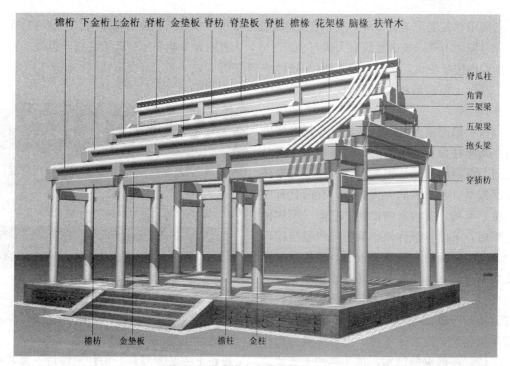

图 8-2　无斗栱小式硬山梁架结构图

（1）前后檐柱顶着五架梁，梁头背部做檩椀，檐檩安装在檩椀里，在前后各向里一步架处立瓜柱。

（2）三架梁安装在五架梁的前后瓜柱上，梁头做檩椀，各安装一根金檩；在梁的正中间安装脊瓜柱，脊瓜柱顶着脊檩。

小式硬山梁架没有枋、脊角背、扶脊木等构件。

三、墙垣

墙垣主要功能是起隔绝空间、防卫、保温作用。硬山建筑墙垣分槛墙、山墙、后檐墙及室内隔断墙等。

（一）槛墙

槛墙即前檐或前后檐窗下的矮墙（如图 8-4 所示）。带廊大式建筑槛墙砌在两金柱间，小式建筑槛墙在两前檐柱之间。还有一种结构方式例外，明间在两金柱间以门装修，左右次间槛墙，砌筑在檐柱间，明间的左右两缝金柱和檐柱之间或安窗或安门。槛墙高度一般在一米左右，或按柱高的 1/3 计算。一般槛墙宽可为 1.5 柱径。长随踏板，两槛墙间留出柱门，柱门弧度约为柱围的 1/4，柱门最宽处应同柱径。槛墙上铺一木版，称榻板（亦称窗台板），其长按面阔减半柱径，宽按槛墙宽两边加喷头（2~3 公分）厚 1/3 柱径，或按宽的 1/4。

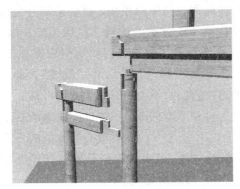

图 8-3　无斗栱梁架卯榫结构图

图 8-4　槛墙、柱门、踏板

（二）后檐墙

后檐墙有两种做法，一是檐枋以上梁架部分全露在外面，称露檐墙（如图 8-5 所示）。露檐墙一般用于倒座或院内中轴线上的建筑，此种墙体的宽度，柱中以内 0.75 柱径，称做"里包金"，柱中以外部分 1.5 柱径，称做"外包金"，墙体总厚 2.25 柱径，自基座砌到檐枋的下皮，内留柱门，外作成"馒头顶"或"宝盒顶"，再做出与额枋下皮同高一砖厚的拔檐；另一种做法，称做"封护墙"，即墙体一直砌到屋面，墙体与屋面连接在一起，将全部梁架封护在墙体里，后檐墙从上身以上层层出檐，用砖叠涩到屋面，出檐样式有冰盘檐、菱角檐、鸡嗉檐等（如图 8-6 所示）。

图 8-5　露檐墙

图 8-6　封护墙

（三）山墙

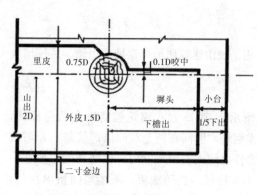

图 8-7　山墙及墀头

山墙是位于两山的墙体，硬山山墙自基座上皮直到山尖顶上，并与屋面相交，山墙前后要达到基座边上，檐柱以外的山墙称墀头，墀头伸出檐柱外的距离等于下檐出的 4/5，剩余下檐出的 1/5 称之"小台"（如图 8-7、图 8-8、图 8-9 所示）。墀头在山墙的前后端竖一块石头叫"角柱石"，其高等于檐柱高的 1/3 减去 1/2 柱径，宽 1.6 柱径，厚 1/2 柱径，角柱石上压着一块石板，叫押砖石，其厚为 1/2 柱径，宽随墀头。前、后两押砖石之间联结同样厚、宽的石板，叫腰线石。山墙自下而上直达屋面，与屋面相交，将梁架部分全部包在里面。墀头上下分三部分，自基座上皮向上约柱高 1/3 处称为裙肩（包括压砖石），裙肩的看面宽度为 1.6 柱径；腰线石以上至挑檐石称做上身。上身看面要比裙肩宽减 2~3 分（合 8 毫米左右）称做"退花碱"（退花肩）。上身之上称"盘头"和"戗檐"。盘头由五至六层不同砖头形象的砖件组成，层层向外挑出。它们由下而上分别为：荷叶墩，挑出的长度约与自身的厚度相等；半混，挑出的长度为自身厚度的 3/4；炉口，挑出的长度为自身厚度的 1/5；枭，挑出的长度为自身厚度的一又五分之一；头层盘头，挑出的长度为自身厚度的 1/3；二层盘头挑出的长度为自身厚度的 1/3。盘头挑出的长度与其厚度基本相等，俗称"方出方入"。戗檐砖斜放在二层盘头上，与地面约成 70°角。

图 8-8　山墙墀头结构

图 8-9　山墙结构

一些重要大式建筑盘头往往用石料制作，即"挑檐石"，其上皮与檐枋下皮平。挑檐石厚为 3/4 柱径，长等于廊深加 2.4 柱径。宽随墀头。挑檐石正面上部便是两层盘头，盘头正面上端向外倾立一块方砖称"戗檐砖"，戗檐砖上端搭靠在大连檐的内皮。盘头和戗檐砖是硬山建筑最富于装饰的地方，常做山水、花鸟、禽兽等雕饰，盘头两层沿山尖斜上称为拔檐，拔檐以上是博风砖，博风砖靠檐部顶端称博风头，博风头做成霸王拳造型，再其上皮为披水。

（四）隔断墙

隔断墙一般位于室内前后檐柱或金柱之间，起隔断明间、次间或梢间作用，一般墙体较窄。若使用砖垒砌，看面常常用一横或一丁"单跑"；墙中间留门，或中间留门左右砌槛墙做夹门窗。

四、砖的摆砌

（一）墀头看面砖的砌筑常见的有种六形式

1. 单条勾看面为一整砖加一条砖，即总宽为一长身加一条砖（1/4 砖）再加一灰缝（如图 8-10 所示）。

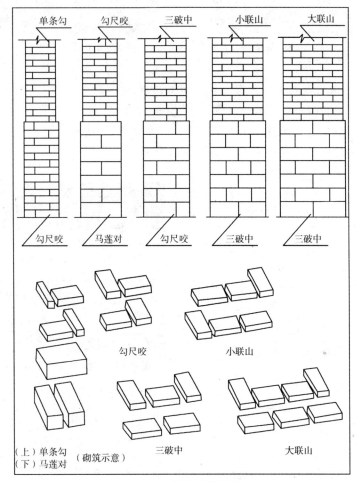

图 8-10 墀头砖的摆砌

2. 勾尺咬看面为一整砖加一丁头，一顺一丁，形如勾尺，宽为一长身加一丁头再加一灰缝（如图 8-12 所示）。

3. 三破中看面宽为两个长身加一灰缝，或中间一个长身两端各一个丁头，再加两个灰缝（如图 8-11、图 8-15 所示）。

4. 小联山看面宽为两砖半，加两灰缝（如图 8-13 所示）。

5. 大联山看面宽为三砖加两或三灰缝。

6. 马莲对看面为一砖或两半砖加一灰缝（如图 8-14 所示）。

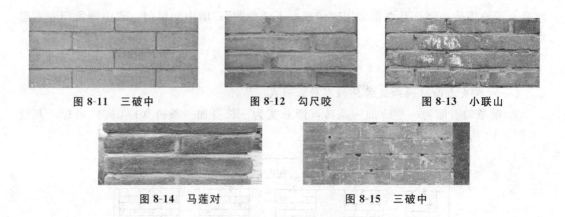

图8-11 三破中　　图8-12 勾尺咬　　图8-13 小联山

图8-14 马莲对　　图8-15 三破中

（二）砖墙的摆砌形式常见的有三种（如图8-16所示）

1. 三七缝就是长身一个丁头（如图8-17所示）。
2. 十字缝每行长身，每缝对上下长身正中（如图8-18所示）。
3. 梅花丁每行砖一长身一丁头（如图8-19所示）。

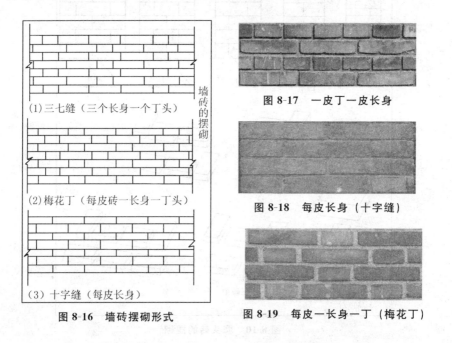

图8-16 墙砖摆砌形式

图8-17 一皮丁一皮长身

图8-18 每皮长身（十字缝）

图8-19 每皮一长身一丁（梅花丁）

五、屋面结构

屋面结构的里层，望板上面铺苫背，其目的为保温防水，并可就屋架举折做出昂度，使屋面曲线更加自然柔美。

苫背是一项重要的工序，传统苫背做工很复杂，第一步，用马刀和泼灰加水均匀调和成一种灰料，在望板上抹一二厘米厚的保护灰；第二步，再抹二至四层大麻刀白灰，层与层之间加一层三麻布；第三步，再抹一层二三厘米厚的麻刀灰；最后一步，在脊上抹三五十厘米宽的扎肩灰。等晒干后再在苫背上铺瓦件。一般民居苫背做工比较简单，只用滑秸、白灰和黄土按一定比例用水合成泥，在望板上或苇薄上抹上一二十厘米厚的苫背。屋面表层，在苫背上铺瓦件与脊饰。

瓦件也有等级划分，《工程做法则例》把瓦作也分为大式和小式两种。两种瓦作区别在于：

1. 大式瓦作除使用青瓦外，还使用琉璃瓦，小式瓦作只能使用青瓦；

2. 大式瓦作瓦陇仰瓦使用板瓦，盖瓦使用筒瓦，称"筒瓦骑缝"；小式瓦作仰瓦、盖瓦都只能使用板瓦；

3. 大式瓦作除有一条正脊外，往往还有垂脊、戗脊，正脊两端饰正吻，垂脊、戗脊饰垂兽、戗兽及仙人走兽，大式硬山没有戗脊、戗兽；小式瓦作只有一条正脊，没有吻兽，只作"清水脊"和"皮条脊"处理；

4. 大式硬山或悬山在两山上排列着勾头和滴水，称做"排山勾头"，小式没有。无论筒瓦还是板瓦，檐部顶端都安装一块特殊的瓦件，称做"瓦当"（猫头）和"滴水"，瓦头上往往做成花草、云纹、鸟兽、几何图形和文字等各种凹凸造型，其功能是保护檐部椽条、连檐等木构件不受雨水侵蚀，同时也具有一定美化装饰功能。

生活中还有一些《工程做法则例》所规定以外的屋面做法，它是一般平民百姓或商户使用的屋面样式。

（一）棋盘心

这是北方民间的一种做法，是一般不富裕的人家使用。它是在椽上铺苇箔，苇箔上铺灰泥，泥背上铺一层底瓦，只在梁缝处和脊檩附近加一行盖瓦，并在底瓦上抹满马道青白灰，形成一块块方形，远看如棋盘，故名"棋盘心"屋顶（如图 8-20 所示）。

（二）仰瓦灰顶

这也是一般贫民住的房，经济条件差，买不起全部的瓦，只使用板瓦作顶，其做法是，在椽上铺苇箔，苇箔上铺灰泥，灰泥上铺一层板瓦，瓦缝处用马刀青白灰抒出圆梗，状似筒瓦骑缝，但直径小得多，既能防雨，又经济实惠。

（三）阴阳合瓦

阴阳合瓦即前面所说，瓦陇下面仰瓦和上面的盖瓦都用板瓦，一阴一阳，故称"阴阳合瓦"，此种屋顶防雨性强（如图 8-21 所示）。

图 8-20　棋盘心屋面

图 8-21　阴阳合瓦

六、脊饰

（一）尖山式脊饰

1. 正脊

正脊既有结构功能，又有装饰功能，前后两坡的瓦件，在脊部合拢，为了防止雨水从缝隙渗入，便使用正脊覆盖其上。正脊是由若干构件拼成，正脊自下而上是由当沟、压当条、群色条、连砖、通脊（一陇筒瓦）组成。正脊两端饰以大吻，大的正吻兽体型庞大，有八九尺高（如图 8-22 所示）。正吻造型具有一定的时代感，不同时代有所不同，所以它也是识别建筑物的时代特征的一种标志。清代正吻主体是一种龙头造型，张开的大口含着正脊端部，下面有吻座，尾部上面有扇形剑把，背部有背兽。

2. 垂脊

垂脊位于前后两坡的左右两山，尾部与正脊相接，骑着山墙，其外安装一溜排山勾头，自上而下，直达檐部（如图 8-23 所示）。大式垂脊分作兽前、兽后两部分，垂兽放在兽前与兽后的分界处。兽前部分安装仙人走兽（小兽、小跑），仙人在前，与垂脊作 45°角，兽后安垂脊瓦。走兽在后，走兽共有 10 个，名称说法不一，一般自前而后依次为：龙、凤、狮子、麒麟、天马、海马、狻猊、押鱼、獬豸、行什。垂脊上走兽安装一般为单数，数目多少由柱高而定，每柱高二尺放一个。现保存的古建筑，只有故宫的太和殿用满 10 个小兽，其他建筑最多用 9 个小兽。

图 8-22 正吻

图 8-23 硬山脊饰局部

（二）圆山（卷棚、元宝顶）式脊饰

图 8-24 圆山式过垄脊

圆山式建筑没有正脊，在左右山墙上各安装一条过垄脊，前后两坡由"折腰瓦"与"罗锅瓦"连为一体（如图 8-24 所示）。

（三）小式建筑脊饰

小式建筑脊饰只能用清水脊，清水脊结构，自下而上依次为：当沟、头层瓦条、二层瓦条、平草砖、楣子和蝎子尾（如图 8-25、图 8-26 所示）。

图 8-25 小式建筑清水脊一

图 8-26 小式建筑清水脊二

第二节 悬山式（挑山）建筑

悬山也是属于一种常见的建筑，它有前后两坡，从基座结构、柱网分布到正身梁架、屋面瓦饰、脊饰等与两坡硬山基本相同，没有大的区别。所不同的是它的屋面悬挑出山墙以外，檩桁未被封护在墙体以内，而悬在半空，故名悬山亦称挑山，悬山建筑整体造型比硬山建筑要活泼一些。

悬山梁架有多种形式：大脊五檩悬山、大脊七檩悬山、大脊中柱五檩悬山、大脊七檩中柱悬山、四檩卷棚悬山、六檩卷棚悬山和一殿一卷式悬山等。

一、悬山梁架

悬山梁架（如图8-27所示）与硬山梁架基本相同，只是梢檩（梢间的檩桁）往外延伸，悬挑出两个檩径或四当四椽径的长度，并在各檩桁下安装燕尾枋。燕尾枋的功能，一是与檩桁一起固定端部的博风板，加大与博风板的接触面；二是博风板保护悬挑出的檩桁不被日晒雨淋，三是造型上起一种装饰美化作用。

二、墙体

悬山建筑槛墙与硬山没有区别，只是左右山墙、后檐墙与硬山区别较大。悬山带廊山墙出山，有墀头；不带廊山墙不出山，山墙两端与檐柱平，外包金做馒头顶或宝盒顶。山墙造型有以下多种做法。

（1）墙体自基座台面直垒至大梁底皮，上部梁架全露在外面，梁架的象眼空当用象眼板封实，使之不漏风；

（2）山墙一直砌到顶部，仅露出檩和燕尾枋，其他梁架被封护在墙体以内；

（3）砌成"三花墙"或"五花山墙"，即将墙体砌到每一梁的下面，形成阶梯型，将部分梁架露在外面，只有悬山山墙才有以上做法（如图8-28、图8-29所示）。

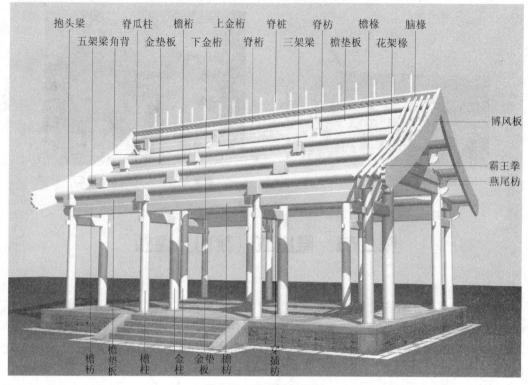

图 8-27 悬山梁架结构

图 8-28 五花山墙

图 8-29 三花墙

三、屋面

屋面瓦件脊饰与硬山完全一致，尖山式脊饰有正脊和垂脊，垂兽的位置在檐桁之上，兽前安走兽，最下一件仙人与脊作 45°角，兽后安垂脊瓦，垂脊外面安一排勾头；圆山式脊为过垄脊。

第三节　庑殿式（五脊式）建筑

庑殿式建筑（五脊式），属大式建筑，是中国建筑中等级、地位、品质最高的一种建筑，只有宫殿、皇家庙宇和社稷等具有纪念性的建筑才能使用，其他任何地方均不得使用，否则遭违法犯上之罪。它是皇权、神权、最高统治权的符号象征。它往往坐落在建筑群中轴线上的重要位置上。由于它体量大，建材好，做工精良，装饰精美，整个造型庄严肃穆，雄伟亮丽，在整个建筑群中如众星捧月，格外瞩目。如故宫的太和殿、乾清宫、太庙的享殿、大戟门等为典型代表。

一、梁架结构

庑殿式建筑梁架建在平素座或须弥座之上，以后者居多。庑殿式建筑有带斗栱和不带斗栱两种，带斗栱的庑殿式建筑，檐柱柱头和大额枋顶着平板枋，平板枋上安装斗栱，柱头科顶着桃尖梁；不带斗栱庑殿式建筑，没有平板枋和斗栱等构件，桃尖梁改为抱头梁（如图8-30、图8-31所示）。庑殿式建筑屋面有四个坡面，这四个坡面的坡度大小和坡度长短必须相同，否则无法"交圈"。为解决这一问题，两山的步架无论架数、举折必须与两檐正身的步架架数、举折大小完全相同。庑殿的正身是七架梁或九架梁，与硬山、悬山建筑梁架结构完全一样，没有区别。那么庑殿建筑只要在它的两个山面的檐部造成桃尖梁或抱头梁，檐部以内造成七架梁或九架梁或相当于七架梁或九架梁的结构形式，通过这种特殊的梁架结构，左右两坡的问题就解决了，山面的椽条就有了着落。

庑殿的梁架结构（如图8-32所示）。

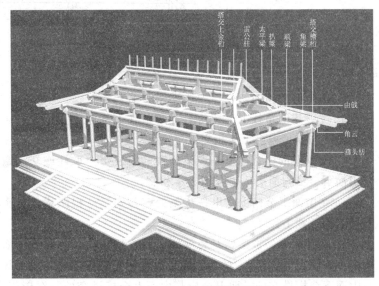

图 8-30　无斗栱庑殿梁架结构图

图 8-31　庑殿屋面及脊饰

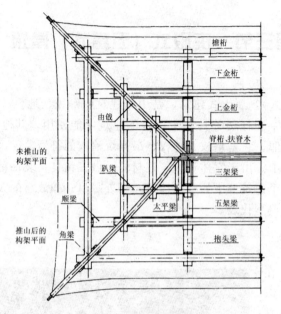

图 8-32 庑殿梁架结构俯视图

1. 庑殿的梢间面阔必须为通进深的 1/2。

2. 庑殿建筑角柱上安装角云,两金柱上加顺梁,梁尾与金柱相交;梁头背部安装山面檐桁,与前后檐桁十字相交。

3. 在顺梁的梁背往里一步架位置,安装交金瓜柱或交金墩,交金瓜柱或交金墩上安装山面下金桁与前后檐下金桁十字相交;

4. 在山面下金桁上往里一步架处,各安装一根趴梁,梁头搭在下金桁上,梁尾交于五架梁的瓜柱上。

5. 趴梁往内一步架处安装瓜柱或墩,瓜柱或墩上安装山面上金桁,并与前后两坡上金桁十字相交,这样 45°的角梁就可以通过前后坡檐桁与山面檐桁搭交处、两檐面下金桁与山面下金桁搭交处、两上金桁与山面上金桁搭交处与脊桁相交,形成了 45°转角,解决了四面坡搭交问题,庑殿式山面转角处的梁架结构就基本完成了。

但是按上述檐面、山面的步架完全相等的话,安装在 45°的角梁和由戗就成为一条直线,为了打破呆板的直线造型,绝大多数庑殿建筑都采取了"推山"处理。处理后的山面比原来向外推出,使正脊加长,戗脊不再是一条直线,而是折线,产生了曲线变化。

推山方法如下。

1. "檐部方角不推",即第一步架,檐部架不推,以确保角梁为 45°,使得山面和檐面交圈,这是一个重要原则。

2. 自金步架开始至脊步架,每步往外推山递减一成,即从第二步架开始,所推的尺寸为该步架尺寸的 1/10。假如步架为 1.5 米,第二步往外推出 15 公分,这步架变为 1.35 米。

3. 第三步架是在第二步架 1.35 米的基础上,再往外推 1/10,即 0.135 米,这步架变为 1.215 米。也就是说正脊桁往外加长 0.285 米。步架再多，以此类推。

推山以后，角梁顶部的由戗与推出的脊桁相交，但悬在空中，为解决这一问题，必须在悬出的脊桁头下面加一构件，即太平梁，太平梁两端搭交在前后上金桁上，太平梁上安装雷公柱，雷公柱顶着延伸出的脊桁。

二、屋面

庑殿建筑屋面所使用的瓦件，多使用黄色琉璃瓦，由于当时的审美习俗，黄色在诸色中，地位最高，是皇权的象征，只有皇家才能使用。庑殿共有五条脊，故亦称"五脊殿"，它有一条正脊，正脊两端饰以大吻；每条戗脊的子角梁端安有套兽，脊前端往上有仙人走兽，最后一个兽的后面放一块瓦，瓦的后面就是垂兽。垂兽前为"兽前"，垂兽后为"兽后"（如图 8-33 所示）。垂兽安在正心桁或挑檐桁中心线上。

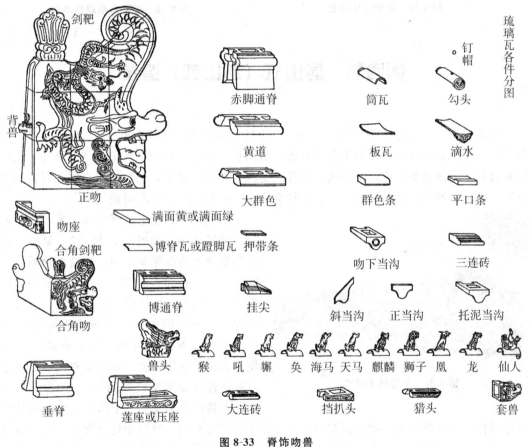

图 8-33　脊饰吻兽

三、墙垣

庑殿墙体四个角的做法有三种形式（如图 8-34 所示）。其一，山墙与后檐墙垂直相交，将柱完全包在里面；其二，柱包在墙体里面，但两墙体做抹角；其三，山墙与后檐墙做抹角，柱露出约 1/4（如图 8-35 所示）。槛墙与硬山槛墙基本一致，只是山墙不同，由于它没有盘头和山尖，因此结构比较简单。都是自地面一直垒砌到枋的下皮，做成"馒头顶"或"宝盒顶"，上面的梁架结构完全露在外面。

图 8-34　庑殿墙垣形式

图 8-35　庑殿山墙四角形式

第四节　显山式（歇山式）建筑

显山造型，外观好像是庑殿建筑与悬山建筑的结合体，屋面下部，像似庑殿建筑，有前、后、左、右四面坡，屋面上部，是前、后两坡悬山。下面四个翼角若鸟翼腾飞，上面两坡高耸，建筑造型既庄严又活泼，在等级上仅次于庑殿建筑，但在应用上比庑殿使用的更广泛，除宫殿外，府衙、庙宇、上层社会府邸、园林、铺面等都可使用。

图 8-36　单檐显山建筑

显山梁架建在平素座或须弥座上，单檐显山建筑外观（如图 8-36 所示），显山外观造型取决于内部梁架结构，它的正身梁架与硬山梁架没有什么区别，前、后檐椽搭在檐桁和下金桁上，形成前、后两面坡；而山面的左、右两坡的檐椽，必须底下有檐桁可搭，上面有下金桁可放。为了解决这一问题，就需要使用角云、顺趴梁和踩步金梁这三种构件（如图 8-37 所示）。

在角柱顶部安装一个角云，在左右梢间的檐部各安装一根顺梁，梁头搭在山面的金柱上，尾部与内一缝的金柱相交，相当于横向的长抱头梁。角云与顺梁梁头共同顶着山面檐桁，山面檐桁与檐面檐桁十字相交。再往里一步架位置，设交金瓜柱或交金墩，交金瓜柱或交金墩顶着踩步金梁，梁两端的假桁头与前后下金桁十字相交。踩步金梁的外侧椽椀，便承纳山面檐椽，椽条下端搭在山面檐桁上。实际上踩步金梁相当于正身相应的七架梁或九架梁。再需解决翼角结构问题，翼角部位必须安装 45°的角梁构件，角梁安装在角云上的搭交檐桁上。老角梁底面扣在两檐桁搭交处，其尾部自下承托下金桁与踩步金假桁头搭交处；子角梁附在老角梁背上，尾部扣在下金桁和踩步金假桁头的搭交处，这样显山下面左右两坡的问题就解决了。

但是上部前后两坡悬出多少，博风板、山花板安在什么位置？清工部《工程营造则例》规定了显山收山法则：显山建筑由山面檐桁（带斗栱的建筑按正心桁）的檩桁中向里一檩桁径定为山花板外皮的位置。根据这一规定，便可确定梢桁自踩步金中伸出的长度（如图 8-38 所示）。即檐步架减去 1 柱径，再减一个山花板的厚度为上金桁与脊桁伸出的长度，再加半个山花板的厚度作榫长，以固定山花板。在顺梁之上，前后下金桁的下面，纵深安装一根踏脚木，踏脚木底面成坡形，以便搭在山面下斜的椽上。踏脚木长为步架长前后各加一个桁径，带斗栱显山建筑的踏脚木，高 4.5 斗口，宽 3.6 斗口；不带斗栱显山建筑的踏

图 8-37　显山梁架结构图

图 8-38　显山梁架结构细部图

脚木，高 1 柱径，厚零 0.8 柱径。在踏脚木背部上金桁和脊桁的相应位置，安装三根草架柱，以承托两根上金桁与脊桁。带斗栱建筑的草架柱，宽 2.3 斗口，厚 1.8 斗口，不带斗栱建筑的草架柱，宽 0.5 柱径，厚 0.5 柱径，草架柱间由穿连接，穿的截面与草架柱相同。草架柱外面安装山花板，山花板的前后两边缘安装博风板。

第五节　其他形式建筑

一、囤顶式建筑

囤顶式建筑多见于北方农村，屋顶微成弧形，便于存晒粮食（如图 8-39 所示）。这种房一般不施瓦，而用黄土、粘草、白灰等混合苦背抹顶。这种房一般进深较小，梁架结构

也比较简单,只有一根相当于五架或四架的梁,前后檐柱顶着梁,每步架位置立一矮柱或墩,自中向两檐略降低,坡度很小,矮柱或墩直接顶着檩,檩上铺椽,椽上往往铺苇席,席上再抹草泥顶。

二、勾联搭

有的建筑由于功能需要进深要大,若施两坡顶,则无论是屋面的长度还是屋脊的高度都会过大,为了解决这一问题,采用两个以上屋脊相联结的组合屋面结构,形成勾联搭式。它的结构方式很像一殿一卷式垂花门建筑(如图8-40所示)。

图 8-39 囤顶

图 8-40 勾联搭

三、盝顶

盝顶有四面短坡和八条脊,顶部是大矩形的平顶,上部由四根脊围成,四个角饰以合角吻,其他四条脊为垂脊,脊上饰有仙人走兽。此种屋面形式元、金代较为盛行,现在生活中较少(如图8-41所示)。

四、平顶

此种建筑屋面基本水平,略有一点向前坡度,便于排水。一般不用瓦件,而用黄土、秸草、白灰等材料合水抹成(如图8-42所示)。

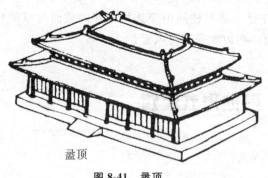

图 8-41 盝顶

图 8-42 平顶建筑

五、单坡

顾名思义，只有一面坡，像似两坡硬山建筑从脊部劈开，一分为二（如图 8-43 所示）。脊在后墙顶上。此种建筑进深较短，梁架一般使用三步梁，每步架较长，举折较大。多见于山西、河北西部、陕西等地。此种建筑由于后檐墙高前檐墙低，围成院落，若城墙高筑，比较安全。

图 8-43　硬山单坡顶

思考题

1. 硬山建筑与悬山建筑有何区别？
2. 硬山建筑山墙结构怎样？
3. 庑殿建筑如何解决四面坡交圈的问题？
4. 悬山建筑梁架结构怎样？
5. 大式建筑与小式建筑瓦件、脊饰有何区别？
6. 试绘制五间庑殿建筑与悬山建筑平、立面图。

第九章
攒尖式建筑

——◦ 本章提要 ◦——

　　本章主要讲述的是攒尖式建筑的用途以及结构形式特点，包括无斗栱单檐四角攒尖亭趴梁法和抹角梁法、无斗栱单檐六角亭、无斗栱单檐八柱圆亭、无斗栱重檐四角亭中两圈柱重檐四角亭与单围柱重檐四角亭的井字梁的梁架结构和各构件组合程序。

第一节　无斗栱单檐四角攒尖亭

　　攒尖建筑有带斗栱和不带斗栱两种，不带斗栱的较多。此种建筑平面一般为圆形、方形或多面形，如三面形、四面形、六面形、八面形等（如图9-1～图9-4所示）。所有屋面向上集中一点，形成一个尖顶。此外还有重檐及组合攒尖，种类繁多，造型美观。此种建筑生活中也常见，多用于园林，作为亭榭供人休憩观赏用；也有用于较重要的场合，如北京故宫的中和殿、北京国子监的辟雍皆为四角攒尖，北京天坛的祈年殿为圆形攒尖。此种造型给人以高耸向上的感觉，与罗马哥特式建筑有异曲同工之妙。

图9-1　带斗栱重檐四角亭

图9-2　四角亭圆形重檐攒尖

图9-3　双围柱四角亭

图9-4　六角重檐亭

　　攒尖建筑梁架结构比较特殊：其一，都有一个悬空的雷公柱形成的尖顶；其二，除圆形攒尖外，其他四角形至多角形攒尖都有由角梁形成挑起的飞檐；其三，此种建筑往往使用角云、抹角梁、趴梁。此外攒尖建筑往往在平面上、立面上组合成各种复合形式的造型，梁架结构比较复杂。现介绍几种具有代表性的攒尖亭及攒尖结构。这些亭的结构掌握了，其他便可触类旁通（如图9-5所示）。

　　无斗栱单檐四角攒尖亭这是最简单的攒尖建筑，但它却是所有攒尖建筑的基础，解析它的结构，了解它的结构有助于对其他复杂的攒尖结构的认识理解。四角攒尖平面为正方形，四根柱顶着四面坡，四坡向上收缩、集中交汇成攒尖，其上安宝顶（如图9-6所示）。

图9-5 带斗栱三重檐圆形攒尖大型建筑

图9-6 无斗栱单檐四角亭

它的梁架可有以下两种结构形式。

一、趴梁结构

1. 基座上四角各立一柱，由四根箍头枋在柱头穿插搭交围合，使之成为一个稳定的整体（如图9-7、图9-8所示）。

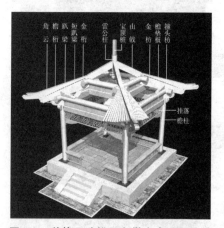

图9-7 单檐无斗栱四角攒尖亭趴梁结构

图9-8 趴梁结构仰视图

2. 柱头上各安装一件角云，角云上承载四个面的檐桁，桁头在角云上十字相交，四个面的桁与相应的箍头枋之间装垫板。

3. 在面阔方向前后檐桁上，向内各一步架安装长趴梁，再在两长趴梁各向内一步架处安短趴梁，短趴梁两端搭在长趴梁背上，形成井字形构架。

4. 在井字形构架上安装金枋和金桁。四根金枋、金桁头部十字相交。

5. 四根角梁的前部分别搭在搭交檐桁的搭交处，尾部自下承托搭交金桁的搭交处，子角梁尾部扣在搭交金桁搭交处的上部。由戗（续角梁）下端与子角梁尾部相交，四根续角梁上端从四个方向插在雷公柱上，雷公柱悬在空中，这是一种做法；大型攒尖建筑往往在搭交金桁上加一太平梁，雷公柱立在太平梁上，使屋面结构更加牢固。

二、抹角梁结构

1. 基座的四角各立一柱，由四根箍头枋在柱头穿插搭交围合，使之成为一个稳定的整体（如图 9-9 所示）。

2. 柱头上各安装一个角云，四个角云各承载两个面的檐桁，桁头在角云上十字搭交，四个面的桁与相应的箍头枋之间安装垫板，垫板两端插入角云两侧的槽内。

3. 在相邻的两桁上，按各成 45°安装抹角梁，四根抹角梁围成正方形梁架结构。

4. 在方形梁架上安装金枋和金桁。四根金桁头部十字相交。

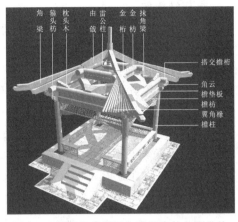

图 9-9　单檐无斗栱四角攒尖亭抹角梁结构

5. 四根老角梁前部分别搭在搭交檐桁上，尾部自下承托着搭交金桁，子角梁安装在老角梁上，尾部扣在搭交金桁的搭交处。由戗（续角梁）下端与子角梁上端相交，四根由戗上端从四个方向交在雷公柱上，雷公柱悬在空中，这是一种做法；另一种做法抹角梁上安装太平梁，雷公柱立在太平梁上。

三、屋面

屋面做法同庑殿，桁上钉正身檐椽、飞椽；翼角部位安装枕头木，钉翼角椽、翼角飞椽。望板上铺苫背、瓦件；调脊、安宝顶，宝顶安装在雷公柱上面的宝顶桩上，它盖住瓦陇的顶部，防止露雨，保护屋面，同时也是非常好看的装饰。

第二节　无斗栱单檐六角亭

六角亭的平面是正六面形，六根柱、六根脊、六面坡，坡脊向上交汇到一点，成攒尖形，其上安宝顶（如图 9-10、图 9-11 所示）。

图 9-10　带斗栱单檐六角亭

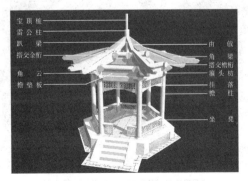

图 9-11　无斗栱单檐六角亭

梁架结构如下。

1. 六根立柱，每根柱头安装搭交箍头枋，使各柱连为一个整体。
2. 每根柱头安装一个角云，角云上安装搭交檐桁，檐桁与箍头枋间安装垫板。
3. 在面阔方向，前后檐桁向里一步架的位置各安装一根长趴梁。趴梁的两端搭在檐桁上，再在纵深方向，左右各安装一根短趴梁，它们的两端分别搭在前后长趴梁上，并确保短趴梁的轴线与搭交金桁的交点相重合，长短趴梁在檐桁上形成梯子形结构。
4. 再在梯子形梁架上安装六根金枋、金桁。
5. 六根角梁与由戗沿各角安装，六根由戗分别从六个方向支撑着雷公柱，雷公柱悬在空中，亦可立在金桁上的太平梁上。

椽、连檐、望板、瓦件、宝顶安装与四角亭相同。

第三节　无斗栱单檐八柱圆亭

圆形攒尖亭生活中也是常见的一种建筑形式，平面上有六根柱和八根柱的两种，前者体量较小，较大的建筑，多用八根柱。圆亭与四角亭、多角亭在结构上有很多相同之处，比如都使用角云、趴梁、雷公柱等构件。不同之处，在于圆形攒尖亭的屋面没有角梁，没有翼角，圆形向上集中交于一点，形成攒尖；桁、枋、垫板皆为弧形。

以八柱圆亭为例（如图9-12所示）。

一、梁架结构

1. 圆形基座上，八根柱均匀地立成一个圆形，基座的高度，面积的计算及结构完全同第三章所讲述。
2. 柱头部位安装弧形檐枋，弧形檐枋上皮与柱顶平。但这种弧形檐枋不是枋与枋相交，而是做燕尾榫与柱子相交，使之连接组合成为一个整体。
3. 每柱柱头之上安装角云，梁头上安装弧形檐桁，弧形檐桁与弧形檐枋间安装弧形垫板；檐桁之上安装长趴梁，趴梁头扣在柱头位置的弧形桁上，切不可搭扣在弧形桁的中段上，否则节点处会受到破坏；长趴梁前后往里一步架安装短趴梁，短趴梁扣搭在长趴梁之上。
4. 在趴梁之上安装八个桁椀，桁椀承接弧形金桁，金桁上安装一根太平梁。
5. 金桁上安装八根由戗，由戗从八个方向支撑雷公柱，雷公柱下端立在太平梁上。

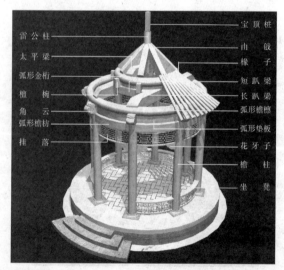

图9-12　八柱无斗栱圆形攒尖亭

6. 桁以上木构件和瓦件，与以上几种攒尖略有不同，其一，没有角梁；其二，由于圆形攒尖自上而下为放射形，所以椽只有檐部是单根椽，其他步架钉板椽或莲瓣椽；瓦件也是一种特殊造型，上小下大，称"竹子筒"；其三，只能用顺望板不能用横望板；其四，连檐、瓦口皆为弧形。

第四节　无斗栱重檐四角亭

重檐四角亭平面上柱网分布有两种形式，一种是一围柱子，一种是两围柱子，每种形式各有各的长处与短处，每种结构方式也不相同。

现分别作以介绍：

一、两围柱重檐四角亭

两围柱重檐四角亭，平面上共有两围柱，外围檐柱共12根，内围金柱共4根，总共16根柱。由于有两层柱，柱子多，使用空间受到一定影响。其结构方式如图9-13所示。

1. 在正方形的基座上，立12根檐柱，每面4根，与往里一步架的四根金柱相对应。

2. 在檐柱柱头位置安装檐枋，使下层檐形成围合框架。在檐柱和角檐柱顶上安装抱头梁和斜抱头梁，梁尾做榫与金柱相交；在檐枋下安装穿插枋和斜穿插枋；梁头作桁椀安装檐桁。

3. 金柱向上直达上层檐。根据举折在金柱相应的位置上安装承椽枋，枋的外侧凿椽椀以承檐椽；在45°位置根据举折安装插金角梁；在承椽枋和上层檐枋之间安装围脊枋，其高度依据围脊高度而定。

4. 金柱顶端四周安装箍头枋，枋的上皮与金柱上皮齐，使之形成围合框架。

5. 围脊枋与箍头枋之间安装围脊楣子。

6. 金柱顶端各安装一个角云，角云上安装搭交金桁。

7. 在上层檐桁之上与相邻的两个面各成45度°的位置安装四根抹角梁，抹角梁的轴线要通过搭交金桁轴线的交点，形成一个方形承接构架。

8. 再在这层构架上安装上金枋和上金桁。

9. 在亭子的四个转角处，沿45°方向分别安装角梁，角梁以上装由戗，四根由戗从四个方向支撑雷公柱。若小式宝顶，重量轻，雷公柱悬在半空即可。若宝顶重量大，需在上金桁上加太平梁，雷公柱落在太平梁上。

二、单围柱重檐四角亭

单围重檐四角与两围重檐四角亭相比，解决重檐的承重问题要困难一些。因为它没有落地金柱，只有外檐一圈檐柱，需要解决重檐檐柱的着落问题（如图9-14所示）。

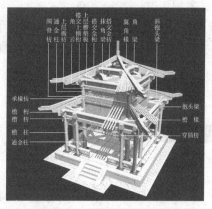

图 9-13 两围柱重檐四角亭

图 9-14 单围柱重檐四角亭

现介绍一种井字梁法。

1. 在基座上每面立四根柱，共十二根柱，在正身柱柱头上安装井字随梁，四根井字随梁与相对应的正身柱相交，随梁上皮与柱上皮相平；在井字随梁上再安装井字梁，井字梁头搭在相对应的正身柱头上。

2. 在井字梁上皮安装墩斗，墩斗上立童柱即上层檐柱，童柱上安装承檐枋、围脊板、搭交额枋。

3. 根据举折在童柱相对应的位置上安装承椽枋，枋的外侧凿椽椀以承檐椽。

4. 承椽枋上安装围脊板，围脊板高度要与围脊相适应；围脊板上安装围脊枋。

5. 童柱顶端安装搭交檐枋，檐枋上皮与童柱顶端相平；童柱顶端安装角云。

6. 角云之间安装垫板，垫板之上安装搭交檐桁。插金角梁头部，搭在搭交檐桁搭交处，尾部随举折插在童柱 45°位置上。

7. 在相对的两个面向里各一步架安装趴梁，再在两趴梁各向里一步架处安短趴梁，短趴梁两端搭在长趴梁背上，形成井字形构架。

8. 在井字形构架上安装金枋和金桁。四条桁头部十字相交。

9. 在四个转角处，沿 45°方向分别安装扣金角梁，角梁以上安装由戗，四根由戗从四个方向支撑雷公柱。

10. 桁以上木构件和瓦件安装同前。

思考题

1. 攒尖建筑除柱、梁、枋外，常用哪些特殊构件？
2. 四角攒尖有几种结构方式？试说明各自结构程序？
3. 圆形攒尖与带角攒尖建筑有何区别？
4. 四角重檐亭有几种结构形式？

第十章
牌楼、门类、游廊、影壁

---○ 本章提要 ○---

本章主要讲述三方面：其一，牌楼的历史演变及功能，牌楼的种类、不同形式牌楼的结构方式、构件尺度权衡；其二，各种门类造型、结构及构件尺度；其三，影壁的文化内涵，影壁的分类、及影壁的结构组成方式。

第一节 牌 楼

牌楼又称牌坊，这是中国古代建筑中的一种特殊形式的建筑，造型别具一格，堂皇富丽。它是一种只有面阔没有进深的建筑，既不是楼，也不是房，而是一种具有标志意义和纪念意义的建筑。它往往建在路衢交汇处、园林、宫殿、庙宇及具有纪念性的建筑物的导入位置。

牌楼的起源历史悠久，最早是一种门的形式，即"衡门"。古籍《诗义》中记载了"衡门"："横一木作门，而上无屋，谓之衡门。"即在院墙出入处，左右各立一杆，其上只加一横木，而无屋面，称之为"衡门"。后来衡门发展为"乌头门"、"棂星门"（如图10-1所示）。

在隋唐或隋唐之前，城市布局以里坊为单位，每个里坊是一个住宅小区。例如隋朝西都大兴城（现今西安）就有一百零八个坊。坊的四周土墙高筑，小坊设一街两门，大坊两街四门，门前使用了"牌坊"，坊上题坊名，诸如："太平坊"、"崇义坊"、"敦化坊"等。所以牌

图10-1 棂星门

楼原始功能是起标志作用，后来慢慢演化，又同时具有礼仪意义或纪念意义。比如"某某贞洁牌楼"，既具有纪念意义，又具有表彰意义；有的牌楼楼匾刻"某某大学士"，这种牌楼既具有标志意义亦具有纪念意义。总之它后来的功能主要为精神层面上的。

牌楼从材料上可分为木牌楼、石牌楼、砖牌楼、琉璃牌楼等。

牌楼只有一字形一排柱，为使牌楼稳固，在下架，柱子的下部使用夹杆石，前后有的还使用戗杆。同时柱子埋入地下深度相当于柱在地面上高度的1/2，且地下要用砖砌磉墩多层，或加打"地丁"（柏木桩）。在上架，为使斗栱以上楼面稳固，根据各楼面的长度，两面各加二至多根"挺钩"，上端顶着挑檐桁，下端支撑在大、小额枋上。

牌楼的两檐面不分里外，全露在外面，所以斗栱两个面完全作对称的翘、昂、蚂蚱头。牌楼有两柱一间、四柱三间、六柱五间等牌楼，柱是双数，间是单数。主要构件有：柱（包括间柱）、枋（包括龙门枋、大额枋、小额枋、平板枋）、花板、楼匾、楼等。附件包括夹柱石、戗杆、挺钩等。

牌楼有柱出头和柱不出头两大类，下面分别作以介绍。

一、柱不出头牌楼

柱不出头牌楼与一般带斗栱的大式建筑檐面相似，柱与柱之间的上部由额枋相连，柱顶着平板枋，斗栱安装在平板枋上，斗栱支撑着屋面梁架。斗栱斗口较小，一般为1.5寸，通常采用明间使用双数，次间可单可双。

柱不出头木牌楼有四柱三间三楼、四柱三间七楼两柱一间一楼、两柱一间三楼、等。

（一）四柱三间三楼牌楼

如图 10-2 所示，是座四柱三间三楼柱不出头牌楼，楼面为庑殿式，明间平身科斗栱为七踩四攒，次间平身科斗栱五踩两攒，明间楼面高左右次间低。明间的构件自下而上分别为：基座、夹杆石、中柱、雀替、小额枋、折柱、花板、楼匾、大额枋、平板枋、斗栱、梁架、楼面；左右次间结构基本与明间相同，只是大小额枋间只有折柱花板而没有楼匾。次间的大额枋上皮与明间的小额枋下皮在同一水平线上。

（二）四柱三间七楼牌楼

四柱三间七楼牌楼是生活中常见的牌楼，造型庄严富丽。它与前者相比，虽然也是四柱三间，但体量大，楼面增加了四座，倍显雄伟、华丽、多姿。

在三间面阔上安装七座楼面（一明楼、两次楼、两夹楼、两边楼），其结构发生变化，它与前者结构不同之处在于四根柱等高，两根明柱顶着一根龙门枋，其枋左右伸出明间界外，两端与左右次间高栱柱外皮相抵，主楼与左右夹楼便坐落在这根龙门枋上，两夹楼面阔正中与两明柱正中在一条垂直线上；两次间大额枋的上皮紧贴龙门枋的下皮，并与明间花板同高，同在一条水平线上；两次楼与边楼同坐落在两次间大额枋上。明楼与两次楼，分别坐落在每间枋的居中。

明楼、次楼、夹楼、边楼的面阔由斗栱攒数与斗口尺寸决定。明楼平身科通常为四攒五当；次楼三攒四当；夹楼三攒四当；边楼两攒三当。根据各楼斗栱攒数及攒当可以计算出明间、次间面阔。

1. 明间面阔＝明楼五攒当＋高栱柱宽一份＋坠山花博风板两份＋1 斗口＋夹楼 4 攒当。

2. 次间面阔＝次楼四攒当＋高栱柱宽一份＋坠山花博风板厚两份＋1 斗口＋夹楼两攒当＋边楼两攒当。（其中 1 斗口是为贴坠山花板斗栱所加的厚度）

如图 10-3 所示，是一座四柱三间七楼柱不出头牌楼。明楼斗栱六攒七当、次间斗栱为四攒五当、夹楼斗栱为三攒四当、边楼斗栱为一攒。

图 10-2　四柱三间三楼牌楼

图 10-3　四柱三间七楼牌楼

明间构件自下而上为：云墩、栱子雀替、小额枋、折柱、花板、龙门枋，龙门枋坐落在两明柱顶端，其伸出的两端下皮与两次间大额枋上皮相叠；龙门枋之上，正中为两高栱柱与楼匾，两边为夹楼；高栱柱与楼匾之上为单额枋、平板枋、斗栱、梁架及楼面；两次间自下而上为云墩、栱子雀替、小额枋，小额枋上皮与大额枋下皮相平；小额枋之上为折柱与花板，折柱、花板与明间小额枋同高，同在一水平线上；折柱、花板之上为大额枋，其上皮与柱顶相平，与龙门枋下皮相叠；大额枋之上为高栱柱、花板及边楼；高栱柱、花板之上为单额枋、平板枋、斗栱、梁架及楼面。

此牌楼每柱前后各加一戗杆支撑，明楼与次楼前后各加四根大挺钩、夹楼与边楼前后各加两根大挺钩，借以稳定楼面。

二、柱出头式木牌楼（冲天牌楼）

柱出头式木牌楼有二柱一间一楼、二柱带跨楼、四柱三间三楼、六柱五间五楼等形式。现以二柱带跨楼牌楼与四柱三间三楼牌楼为例，介绍其造型与结构：

（一）二柱带跨楼牌楼

二柱带跨楼柱出头牌楼，两根明柱埋于地下，每柱各有夹杆石。柱明高约为柱径的22倍左右（如图10-4所示）。柱顶"覆云冠"部分长约为柱明高的1/6。小额枋的下皮至地面的长度约为柱明高的1/2强。小额枋与明柱相交处作悬挑榫，左右挑出明柱两侧，两顶端做大进小出榫，与悬空边柱相交，并作为跨楼的大额枋构件。明间小额枋下安装雀替，并与跨楼的小额枋、折柱、花板由一木做成，以便提高与跨楼的大额枋一起悬挑跨楼的能力。跨楼的悬空边柱，很像垂花门的垂莲柱，顶部做成覆云冠，下端做成垂莲柱头。边柱柱径为明柱柱径2/3，长约为明柱高的1/2弱。在跨楼小额枋下安装骑马雀替，明间的小额枋上为折柱、花板与楼匾。花板以上是大额枋、平板枋，平板枋上安装着双昂五踩斗栱，明楼八攒，跨楼两攒。斗栱以正心栱为轴两面完全对称。每楼斗栱两侧安有坠山花博风板。

楼面两坡，正脊两端饰正吻，前后垂脊饰走兽；覆云冠上饰以朝天吼。

跨楼小额枋上为折柱、花板、大额枋、平板枋、斗栱及梁架、屋面。悬空柱覆云冠上坐落着朝天吼。

（二）四柱三间柱出头牌楼

如图10-5所示，两根明柱与两根边柱分别由夹杆石夹持固定；明间构件自下而上为：栱子雀替、小额枋、折柱、花板、楼匾、大额枋、平板枋、斗栱、梁架及楼面；两次间自下而上为栱子雀替、小额枋，小额枋上皮与明间小额枋下皮相平；小额枋上面为折柱与花板，其高与明间小额枋相同；折柱与花板之上为大额枋，其高与明间折柱、花板、楼匾相同，并在同一水平线上；再上为平板枋、斗栱、梁架与楼面。

图10-4 二柱带跨楼柱出头牌楼

图10-5 四柱三间柱出头牌楼

下附木牌楼构件尺度（斗口）：

1. 柱无论明柱、边柱，直径等同，为 10 斗口。
2. 跨楼垂柱直径为 7 斗口。
3. 折柱高同大额枋或小额枋，宽 2.5 斗口，厚为小额枋厚的 6/10。
4. 高栱柱高为次楼面阔的 8/10，加小额防高的 1/2，加花板高一份，加大额枋高一份，加通天斗高一份（灯笼榫），平板枋高一份，再加单额枋高一份的总高。
5. 大额枋高 11 斗口，厚 9 斗口。
6. 小额枋高 9 斗口，厚 7 斗口。
7. 龙门枋高 12 斗口，厚 9.5 斗口。
8. 平板枋宽 3 斗口，高 2 斗口。
9. 单额枋高 8 斗口，厚 6 斗口。
10. 通天斗直径 3 斗口见方。
11. 挑檐桁直径 3 斗口。
12. 脊桁直径 4.5 斗口。
13. 角梁高 4.5 斗口，厚 3 斗口。
14. 坠山博风板长按斗栱拽架加两侧檐平出，加椽径一份得总长，高自平板枋上皮至扶脊木上皮，厚 2.25 斗口。
15. 明楼宽为明间面阔除以 2，若余小数，凑成整数。
16. 次楼宽为次间面阔除以 2，若余小数，凑成整数。
17. 夹楼宽为明间面阔减明楼面阔一份，再加栱高柱一份。
18. 边楼宽为次间面阔减次楼面阔一份，减栱高柱一份，再减夹楼半份。
19. 雀替长为面阔的 1/4，高同小额枋，厚为 1/3 柱径。
20. 戗杆直径为柱径的 2/3。
21. 夹杆石长、宽各为 2 柱径，夹杆石明高为自身径的 1.8 倍。柱出头牌楼，自夹杆石上皮至次间小额枋下皮为夹杆石明高的一份至一份半。
22. 挺钩长由挑檐枋至大额枋、小额枋或龙门枋之间的距离，直径为长度的 3/100。

三、琉璃牌楼

如图 10-6 所示，这是一座四柱三间七楼琉璃牌楼，楼面为庑殿式，斗栱为双昂五彩。其结构为，明间自下而上是：夹杆石、中柱，两柱间石券门，门与中柱下部石须弥座、雀替、小额枋、折柱、花板、大额枋、平板枋、栱高柱、花板、正楼匾、单额枋、平板枋、斗栱、楼面。左右两次间结构与明间相同，明间的小额枋在两次间的大、小额枋中，即为次间的花板宽度相等。

琉璃牌楼的内部用柏木或石料做柱子和枋，构成骨架，再用碎砖砌成牌楼的造型，而后在外面用琉璃贴面砖。柱与门之间的墙体用砖砌成，抹灰刷红色。大理石、夹杆石、须弥座、券门、黄绿琉璃，整个造型庄严富丽，显示一种皇家气派。

四、石牌楼

如图 10-7 所示，这是明十三陵神道南端的一座六柱五间十一楼石牌楼，是我国现今保存下来的最大石牌楼，无论夹杆石、柱、枋、板、斗栱、楼面全部用石料制作，六柱五间，一正楼，四次楼，四夹楼，两边楼，造型雄伟，气势磅礴。

图 10-6　四柱三间七楼琉璃牌楼

图 10-7　六柱五间十一楼石牌楼

第二节　门　类

这里所讲的门类是指临街大门建筑。临街大门是出入院落的门户，也是宅院的一种标志，它在整个建筑群中所占比例不大，但它却是重要的门面，代表了主人的身份地位。"朱门大户"、"柴门草户"这些词汇都反映了门与主人身份的关系。

临街大门有以下几种形式。

一、府门

府门是除皇宫宫门之外规模最大，最豪华的临街大门。清朝时凡亲王、郡王、世子、贝勒、贝子、镇国公、辅国公的住所，均称为"府"。根据规定，亲王府门为五间，郡王府、贝勒府门均为三间。这些门厅建筑都是大式建筑，屋面使绿色琉璃瓦，脊饰吻兽，大门红色，大木施彩画，大门左右设角门；府门外还有石狮、拴马桩、上马石、辖禾木等附属设施（如图 10-8 所示）。

图 10-8　恭王府仪门

二、屋宇式大门

屋宇式大门是一种较为典型的大门样式。屋宇式大门一般坐落在院落的东南或西北，与倒座毗邻。此门为一间建筑，无论进深、面阔、高度都比倒座要大。由于大门在房间进深安装的位置不同，名称也各异。

（一）广亮大门

广亮大门建筑，梁架使用中柱与双步梁或三步梁，大门安装在两中柱之间，即在建筑的进深正中，大门前的门洞空间即高大又敞亮，家人、客人等门，免遭风吹日晒，故名广亮大门（如图 10-9 所示）。

（二）金柱大门

金柱大门顾名思义，这种大门框槛安装在前檐两金柱之间，即在金枋以下，两金柱之间安装框槛和门扇。金柱大门与广亮大门比，门前空间要浅得多，其门洞仅有一个步架。其他结构与广亮式大门没太大区别（如图 10-10 所示）。

图 10-9　广亮大门

图 10-10　金柱大门

（三）蛮子门

蛮子门，框槛及门扇安装在檐柱上，门前完全没有空间。蛮子门宅院的主人往往是南方来京的小官员或居民，他们的社会地位，经济条件都比不上前者。"蛮子"是当时北京人对南方人的一种贬称（如图 10-11 所示）。

（四）如意门

如意门在北京也最为常见，它也属于屋宇式大门的一种，但种类繁多，共同特点是不管门的房间大小，但门洞都矮小，像似有意把本来大的门洞缩小。原因是有的人家有钱，但没有官职爵位，没资格建广亮式大门，但又要显富示贵，只好变通，房建成广亮大门的规格，而大门安在檐柱位置，并在左右加鱼鳃墙，上面加砖挂落，使门变得矮小，挂落之上为一至五层砖檐，砖檐上做砖拦板。既达到远观气魄高大，近瞧又不越制的目的，这是其一；民国建立，改朝换代，前清显贵败落，房产出售，新贵购得，为掩人耳目，将广亮大门移向檐柱位置，并左右加鱼鳃短墙，使门缩小，改为如意门，这是其二；一般居民经济条件有限，但门面还要讲究一些，建如意门为最佳选择（如图 10-12 所示）。

图 10-11　蛮子门

图 10-12　如意门

（五）墙垣式大门

墙垣式大门比较低档、简单，通常为贫困人家使用。做法：街门开在墙垣上，左右各砌一短墙，称做"腿子"，与院墙成丁字形，其上盖单坡或双坡顶，有门无洞，框槛简单，仅有四框，门扉双扇，"棋盘式"（如图10-13所示）。

（六）栅栏门（菱角门）

栅栏门属随墙门的一种，大户人家，为车马进出之用。此门结构简单，左右立柱，上施单步梁、檩桁、脊桁与枋。屋面前后两短坡，大脊或过垄脊。门扇为直棂栅栏门。

图10-13　墙垣式大门

第三节　垂花门、游廊

一、垂花门

垂花门在中国古建筑中占有非常重要的位置，无论宫殿、府衙、庙宇、园林、宅院往往都建有垂花门。它在宅院里，一般坐落在第一进院和第二进院间的墙垣正中，它是出入内宅的门户。在过去封建社会，君臣、主仆、男女、长幼，地位划分极为严格。第一进院属外院，建筑品级低，只能给佣人、雇工使用。垂花门为内宅大门，不经允许那些佣人不得入内，即使往里瞧，也被后檐屏门遮挡。内眷女性，特别是小姐，也不得随便走出垂花门，由此产生一个成语"大门不出，二门不迈"。

此种建筑因檐下左右倒悬一对莲花短柱而得名，造型美观，彩绘绚丽，高贵典雅，往往成为地位，身份的象征。垂花门形制多样，下面介绍常见的两种形式。

（一）独立柱担梁式垂花门（二郎担山）

独立柱担梁式垂花门（如图10-14、图10-15所示），这是规模最小，制作最简单的一种垂花门形式。屋面为两坡悬山，前后檐各倒悬两根垂莲短柱，前后完全对称，它只有左右两根柱，常用的做法，柱直通到脊部，支撑着脊桁，柱子纵深方向刻通口，麻叶抱头梁正中做腰子榫，两者十字相交，并向前后挑出，像一个人担担子，所以又称做"二郎担山"式垂花门。梁头做成麻叶造型，前后梁头上做桁椀，各承一根檐桁；梁的背部安装角背，扶持脊瓜柱。梁头下各垂吊一根短柱，柱头雕以莲花，称做"垂莲柱"；横向两垂莲柱间由檐枋和帘笼枋连接，两枋间由四根折柱隔成五块长方空间，安装花板，檐桁与檐枋之间空当，相当于檐垫板位置，安装三件荷叶墩，将空间分为四等份；帘笼枋两端底皮与垂莲头上皮间装以雀替；在进深方向上，麻叶抱头梁下是随梁，随梁下为花板，花板下为麻叶穿插枋，在麻叶抱头梁下部为骑马雀替；桁以上屋面部分结构、做法与悬山相同，不另述。由于左右两柱支撑着两坡大屋面，为防止前后倾斜，两柱深深埋于地下，并在柱下部加抱鼓石和壶瓶牙子，借以加固；在两柱间加框槛，安装门扇。

图 10-14　独立柱垂花门一　　　　　　图 10-15　独立柱垂花门二

（二）一殿一卷式垂花门

一殿一卷式垂花门是一种常见的垂花门形式（如图 10-16、图 10-17 所示），造型典雅，高贵，富丽，常见于宫殿，府衙，庙宇，宅院，园林。整个屋面分为前后两部分，前面为悬山式，后面为卷棚式，两个屋面连在一起，正面看是悬山式，后面看是卷棚式，故称"一殿一卷"式，亦称"勾联搭"式。它有两根前檐柱和两根后檐柱，其截面为梅花方形。麻叶抱头梁后端梁头做法同五架梁，梁头搭在后檐柱上，上面做桁椀，承托后檐桁，麻叶抱头梁与前檐柱刻腰子榫通口十字相交，抱头梁前端做成麻叶头造型，在其上面做桁椀，顶着檐桁；再往里两步架的位置再做一个桁椀，以承托殿的天沟桁；在卷棚的后檐桁往里一步架的位置安装月梁，其两端上皮作桁椀以承托双脊桁；前檐柱顶着一根脊桁，共有六根桁支撑着前后两个屋面。

一殿一卷式垂花门，其前檐垂莲柱、花板、雀替等的结构、做法与二郎担山式相同，只是在进深方向，前后檐柱之间，麻叶抱头梁和麻叶穿插枋间不用随梁而安装垫板，而在垂莲柱与前檐柱间，麻叶梁和麻叶穿插枋之间安装花板。在进深方向，前后檐柱间，加一间柱，把进深分为两部分，靠外部分与抄手游廊相通，通过东西游廊进入东西厢房或正房，靠里部分间柱和后檐柱之间，麻叶穿插枋之下，安装挂落（倒挂眉子），基座左右设踏垛，成为直接步入里院的通道。后檐柱间安装框槛、屏门，屏门平时关闭着，成为内视的一种屏障。只有办大事或重要节日屏门才打开；前檐柱间安框槛装棋盘门。悬山屋面安装正脊、垂脊及吻兽；卷棚为过垄脊。

附垂花门构件尺度如下。

图 10-16　一殿一卷式垂花门　　　　　　图 10-17　一殿一卷式垂花门三维图

1. 垂花门及游廊所有的柱截面均为梅花方形，柱高 13～14 柱径（台明上皮至麻叶抱头梁底皮）；独立柱柱径略粗一些，1.1～1.3 柱径。
2. 垂莲柱长为柱高的 1/3，柱身长为 3～3.25 柱径，柱头长 1.5～1.75 柱径。
3. 折柱高根据实际而定，宽 0.3 柱径，厚 0.3 柱径。
4. 担梁用于独立柱垂花门，通进深加梁自身高两份，高 1.4 柱径，厚 1.2 柱径。
5. 麻叶抱头梁长按进深前后加出头，高 1.4 柱径，厚 2.2 柱径。
6. 随梁长随进深，高 0.75 柱径，厚 0.5 柱径。
7. 随桁枋长随面阔，高 0.3 柱径，厚 0.25 柱径。
8. 檐枋长随面阔，高等于柱径，厚 0.5 柱径。
9. 帘龙枋（罩面枋）长为面阔左右各加 1 柱径，高 0.75 柱径，厚 0.4 柱径。
10. 雀替长为净面阔的 1/4，高 0.75 柱径或根据实际而定，厚 0.3 柱径。
11. 骑马雀替长随垂步长加两端榫长，厚 0.3 柱径。
12. 抱鼓石长为 5/6 进深，高 1/3 门口净高，厚 1.6～1.8 柱径。
13. 荷叶墩宽 0.8 柱径，高 0.7 柱径，厚 0.3 柱径。
14. 壶瓶牙子宽为自身高的 1/3，高 4～5 柱径，厚 0.25 柱径。

二、游廊

一殿一卷式垂花门与游廊一起往往形成一组建筑，游廊与垂花门组合，游廊的体量应小于垂花门，以便衬托出垂花门"主"的地位。

游廊的屋面两端安装博风板，一端深入垂花门的博风板之下，另一端与东西厢房山墙贴在一起。垂花门位于正中，其左右便是游廊，游廊往内转与东西厢房前廊相通。正房的东西山墙与东西厢房的北山墙之间也有转角游廊相连。垂花门、游廊、东西厢房和正房形成一个矩形的完整的院落建筑群。

游廊的进深与垂花门的前檐柱与间柱之间的距离相适应，而廊的面阔一般在两米左右，面阔大于进深，这是由于前檐柱与间柱之间的距离只有一个半步架左右，所以廊的进深就小于面阔。游廊多为四桁卷棚，间无定数，根据院落大小而定（如图 10-18～图 10-20 所示）。

图 10-18 游廊递角梁、插梁、月梁的关系图

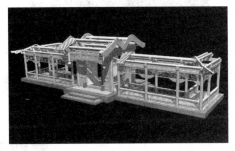

图 10-19 垂花门与游廊梁架模型

图 10-20 垂花门与游廊梁架模型

图 10-21 游廊递角梁、窝角梁关系图

基座柱础上立梅花方柱，进深方向前后檐两柱顶着四架梁，梁头上面做桁椀，安装檐桁，左右两柱间，安装额枋，其上皮与柱顶平，桁与额枋间安装垫板。四架梁上安装柁墩，墩上安装月梁，月梁承托双脊桁，脊桁下安装脊桁枋。檐桁与脊桁间上面铺檐椽、飞椽，双脊桁间安装罗锅椽。

游廊90°转角处单独成为一间，在平面45°角处，两柱顶上安装递角梁一件，递角梁两侧各安装插梁一件，插梁一端与递角梁相交，另一端搭在相对应的柱头上。递角梁长按正身梁长加斜（乘以1.414）即俗称"方五斜七"，再在递交梁上安装45°的柁墩和月梁；在内转角的递角梁上安装窝角梁，梁尾搭在月梁上，梁头搭在递角梁上；在外转角的递角梁上安装角梁，梁尾搭在月梁上，梁头搭在递角梁上（如图10-21、图10-22所示）。

游廊每间额枋下安装挂落，基座以上，两柱间安装坐凳，供人休息。

游廊的外檐一般砌露檐的后檐墙，将一进院与二进院分隔，后檐墙上往往在每间的正中上部开凿造型各异的"什锦窗"。造成一种"隔而不断，视而不见"的艺术效果（如图10-23所示）。

图 10-22 游廊外转角递角梁、角梁关系图

图 10-23 游廊檐墙上的异形窗

第四节 影 壁

影壁是中国古代建筑一种特有的形式，属于宅院建筑的附属建筑，特别是上层社会的

人家，影壁是整个建筑不可缺少的组成部分。往往在临街大门的对面或位于正对着临街大门的院里面建有影壁。影壁是人们对和平、幸福、美好生活的向往和追求在建筑上的一种体现。临街大门是人们每天从家庭到社会，从社会到家庭出入的门户，每当出入，抬头就能看到影壁，心理会产生一种愉悦的感觉。因为影壁在造型上就像是一间没有进深，没有门窗的建筑，是一种建筑的缩影和变形，而且影壁做了很多具有吉祥象征的装饰，如砖雕，题材多为："五福捧寿"、"吉祥如意"、"松鹤延年"；或书法：福、寿、吉祥等文字。这些都给人心理上产生一种积极影响，同时影壁建在大门对面，也增加了大门的气派。从北京旧宅考察，只有上层社会人家大门外才有影壁，从而说明影壁也是等级的象征。

影壁在我国历史悠久，从陕西岐山凤雏村所挖掘的西周四合院遗址中，就已有院外面朝大门的影壁。

我国历史上保留最大的影壁一是山西大同的"九龙壁"，二是北京北海公园北岸的"九龙壁"。这两座九龙壁都是仿木结构琉璃制作，气势磅礴，精美绝伦。影壁用材多为砖料，也有石料、木料的。北海公园北岸有一座用铁做成的影壁，极为罕见（如图10-24、图10-25所示）。

图10-24　北海公园琉璃九龙壁

图10-25　北海公园铁影壁

影壁按所处位置分为两类，一类建于大门以外，一类建于大门以内。

一、大门以外的影壁

位于大门以外面对着大门的影壁有两种，一种是正对大门一字形的影壁，另一种是大门两侧八字形的影壁（如图10-26～图10-28所示）。

图10-26　院外对着大门一字形影壁

图10-27　院外对着大门八字形影壁

影壁造型很像一座进深压缩了的房屋建筑，基本结构分为基座、墙体、屋面三部分。基座一般为须弥座，屋面有硬山、悬山、庑殿式等，檐部有带斗栱和不带斗栱的两种，墙面的中心"盒子"和四个角"岔角"是装饰的重要部位。

二、大门以内的影壁

大门以内的影壁位于大门以内正对着大门的位置。有两种情况：其一，不是独立的，紧贴厢房山墙，用砖垒砌而成；其二，大门内空间较大，正对大门，完全独立的影壁。

还有一种里院影壁，这种影壁往往用木料制作，小而轻盈。在中心"盒子"和四个"岔角"为装饰重点部位，题材内容比较广泛，禽兽、花卉等（如图10-29～图10-32所示）。

图10-28　院外大门两侧八字形影壁

图10-29　院内木影壁

图10-30　故宫西宫内的汉白玉影壁

图10-31　院内对着大门独立式影壁

图10-32　院内紧贴厢房山墙的影壁

思考题

1. 牌楼的种类有哪些?其结构如何?
2. 临街大门有几种?各自有何特点?
3. 影壁有几种类型?其结构如何?

第十一章
中国古代建筑装修

———◦ 本章提要 ◦———

  本章主要讲述中国古代建筑的重要组成部分——内外装修，外檐装修包括门类、窗类、倒挂楣子、坐凳及梐枑栏杆等，它们各自的功能、结构、构件的尺度与制作；内檐装修包括碧纱橱、落地罩、栏杆罩、鸡腿罩、落地明罩、炕罩、圆光罩、太师壁、多宝格等，它们的结构特点和装饰方法、功能性和艺术价值。

第十一章
中国古代食物养生学

第一节 外檐装修

前面序言中讲过，中国古代建筑原材料以木料为主，木料约占全部材料的百分之六七十。木作分为"大木作"与"小木作"，大木作是指建筑物中的一切骨架结构，小木作是指建筑物的一切装修、装饰。大木作与小木作共同组合成中国古代建筑木作部分。小木作是中国古代建筑中不可缺少的重要组成部分，它在整个建筑中占有十分重要的位置。因为中国古代建筑中所有墙垣不承受屋面重量，墙、门窗、隔扇一样，只是柱间的间隔物，所以在设计上，设计师有极大的创作自由，无论面阔方向还是进深方向柱间的空间，都可以根据需要进行装修设计，装修的空间很大，装修的类型也十分丰富。

古建装修充分体现了中国传统文化的内涵，它不仅是功能上的需要，而且也是精神层面、道德层面、习俗层面上的一种体现和展示。装修具有分割空间、联通空间、防护、采光、通风、保暖、美化等多种功能，同时它也体现了封建社会的等级、地位观念。

中国古建装修根据在建筑物上的位置分为两大类：一类是外檐装修，另一类是内檐装修。

凡于基座以上，檐柱之间或金柱之间，及其檐枋以下的隔断物，统称外檐装修，它与山墙、檐墙起相同的作用。外檐装修包括门类、窗类、栏杆、挂落、坐凳等项。外檐装修由于处于室外，常年受风吹日晒，雨露侵蚀，在用料、设计、制作、防护等方面都要考虑这些客观因素，使之适应自然条件的考验，延年益寿。装修自身分为两大部分，即固定的框槛部分及隔扇、门窗及其他间隔物。框槛在外，是固定不动的，隔扇在内，是可以开启的。

一、门类

这里所说的门类包括临街大门与室内外门。门安装在框槛内，框槛安装在檩桁或枋之下，是两柱之间的固定构件。它由左右抱框、门框和上、下槛，或上、中、下槛组成（如图11-1所示）。

（一）府门、广亮大门、金柱大门、蛮子门框槛结构

府门、广亮大门、金柱大门、蛮子门等门皆占一间房面阔空间，框槛除左右抱框外，中间还另加两根门框。

1. 下槛（门槛、底槛）

下槛是水平方向的构件，紧贴地面，两端

图11-1 大门装修

与左右抱框相接，净长为面阔长左右各减半柱径，另外，两端各加抱肩长度。厚为柱径的1/3，高为柱径的4/5。

下槛与左右两柱相接，其卯榫结构为：在下槛两端根据柱径外缘弧度做出抱肩后，居中凿出溜销口子；在两柱下端相对应的位置安装溜销榫，下槛自上而下将卯榫结合在一起。

另，位于门槛底部装有木门枕或门枕石，所以要根据木门枕或门枕石的尺寸刻出口子。

2. 上槛（替桩）

上槛位于檐枋或金枋之下，长同下槛，厚1/3柱径，高为1/2柱径。

上槛与左右两柱相接，其卯榫结构为：

上槛两端做倒退榫，它是一种双榫，一头长，另一头短，长榫约为柱径的1/4，短榫约为柱径的1/8；两柱内皮相对应的位置做双卯口，一根柱卯口深为1/4柱径，另一根柱卯口深为1/8柱径；先将上槛长榫插入深卯口，短榫对着浅卯口，再将上槛拖入浅卯内，长榫露出夹子部分空隙，用木塞塞严实，至此上槛与左右两柱连接完成。

3. 中槛（挂空槛）

中槛位于底槛与上槛之间，靠近上槛，其长同上下槛，厚1/3柱径，高为3/4柱径。槛与两柱卯榫连接同上槛。中槛外面安装至2~4个门簪，门簪头部截面为正六角形，角上做梅花线，面对面直径为中槛高的4/5，其后尾是一个长榫，长榫穿过中槛并同时穿过连槛，将连槛固定在中槛上。所以门簪既对内起结构作用，又对外起装饰作用。连槛是固定在中槛里面的一件横木，两端凿有门轴套椀，门的上轴自下穿过，起固定门扇的作用。其长略大于两柱之间的距离，宽为中槛宽的2/3，厚为宽的1/2。

4. 抱框

抱框是紧贴两柱的立向构件，分上下两部分，下面短，上面长，长抱框高等于下槛与中槛之间的距离，一般在2.5米左右，在上下各加自身厚的1/3入榫长，宽为2/3柱径，厚为1/3柱径。抱框与柱之间用2~3个栽销相接，栽销安装在柱上，抱框要在相对应的位置做卯眼；抱框与门框之间要安装腰枋和余塞板，腰枋长根据实际，宽与厚同门框，余塞板宽同腰枋长，板厚为抱框厚的1/3~1/4，所以抱框里侧，要做出榫口与板槽。

5. 门框

门扇若直接安装在抱框内，门扇过宽，所以在左右抱框内各加一根门框，其高、宽、厚同抱框。在抱框与门框之间安装两根"腰枋"将抱框与门框之间的空间分为三部分，上面部分约占总高的6/10，这三部分空间称做"余塞"，余塞安装木板称做"余塞板"。门槛靠抱框的一侧作榫口与板槽。

6. 短抱框

中槛与上槛之间，两端安装短抱框，其长、宽与厚同长抱框。上、中槛与短抱框内安装"走马板"，板厚同余塞板。

7. 木门枕、石门枕

木门枕或石门枕位于底槛下面，分槛内与槛外两部分，槛内木门枕或石门枕上面安装铁铸海窝，固定门扇下轴，槛外部分是一种装饰。门枕高为下槛高的7/10，宽按本身高加2寸，长为宽的2倍加下槛厚的一份。比较讲究的大门石门枕外部做成抱鼓石造型，它是等级功名的象征，没有功名者不能做成此种造型（如图11-2所示）。抱鼓石体量大小根据门的大小而定，它共分作上下两部分，下部为须弥座，约占通高的1/3，前面和左右雕有包袱角造型，上部约占通高的 2/3，以圆形鼓子造型为主体，鼓子两边有鼓钉，左右两面雕有花饰，鼓子上面雕有兽头，鼓子下面前后两个以荷叶卷成圆形鼓状造型。

（二）如意门、墙垣等小门框槛结构

此类门因面阔小，一般框槛只有门框、底槛、上槛，没有抱框、中槛、腰枋、余塞板、走马板等，有木门枕与石门枕，没有抱鼓石。

图 11-2　抱鼓石

（三）门扉

门扉是指可开启的门扇，门扇有单扇、双扇、四扇等，临街大门多为双扇。

1. 棋盘门（攒边门）

棋盘门，多用于民宅。棋盘门的尺寸根据门口而定，但上下要长出门口 1 寸～1.5 寸，长出部分称"上下碰"。特别是门扇的立边要长，长处部分做门轴。左右也要宽出门口的宽度，宽出部分称做"掩闪"，这样两扇门才可固定在门框上并将门口关住（如图 11-3 所示）。棋盘门的做法，左右安大边，上下两端安抹头，中间安门板，板块与板块间用鸳鸯榫连接，上下抹头之间再安穿带，将门板穿在一起，并与大边穿在一起，使之成为一个整体。再在相邻的两根穿带上安插关，可在里面将门插锁。在大边一面上下做门轴，将门扇上下分别安装在连槛的轴眼里和门枕的轴眼里。两扇门板外面各安装一个金属门跋（铺首衔环、门环）。此外门板外面往往还装有一路路门钉，门钉原始功能是起加固、保护门板作用，到了清代特别是宫廷与王府大门，门钉完全演变为一种装饰与象征作用（如图 11-4 所示）。《大清会典》对门钉有明确规定："宫殿门庑皆崇基，上覆黄琉璃，门钉金钉，坛庙圜丘壝外内垣四门，皆朱漆金钉，纵横各九。亲王府制，正门五间，门钉纵九横七，世子府制，正门五间，金钉减亲王七之二。郡王、贝勒、贝子、镇国公、辅国公与世子同。公门钉纵横皆七，侯以下至男递减至五五，均以铁"。皇宫大门钉数最多，九九八十一钉，以示至尊、威严（如图 11-5 所示）。

图 11-3　棋盘门（攒边门）

图 11-4　山西民间大门门钉

2. 实榻大门

实榻大门常用于城池、宫殿、庙宇、王府宅院，一般民宅不得使用。

它形体最大、规格最高、最坚实安全。门心板与大边同厚，门心板用穿带与大边穿接在一起，门外面钉有不同路数门钉，非常结实厚重，气势非凡（如图 11-5 所示）。

3. 撒带门

撒带门常用于一般民居大门或居室门。它只有一根大边，里侧凿卯眼，上下做门轴。一块块门板由 4 至 5 根穿带连接在一起，穿带一端做榫，与大边卯口相结合。穿带另一端，由一根压带将几根穿带与门板连接成一个整体（如图 11-6 所示）。

图 11-5　王府实榻大门

图 11-6　撒带门

4. 屏门（镜面门）

屏门多用在垂花门的后檐柱之间，或墙门上使用。屏门也包括框槛和门扇两部分。屏门一般为四扇，每扇不是独板制成，而通常是几块一寸半厚的木板由穿带拼合而成。屏门不需要留上下碰和左右掩闪，因门扇装在框槛内，所以四扇门扇合起来的尺寸应与框槛内口相吻合（如图 11-7 所示）。

屏门还有一些附属构件：鹅项、碰铁、屈戌、海窝。屏门没有门轴，在门轴一侧上下各安装"鹅项"一件，屏门另一侧上下各安装"碰铁"一件，作为关门时与门槛的碰头。"屈戌"安装在连二槛上，鹅项安插在"海窝"内，借以固定和门扇的开启。

5. 隔扇门

隔扇门作为出入房内外通道的门，隔扇门可安装在两檐柱间，称做"檐里安装"，亦可安装在两金柱之间，称做"金里安装"。隔扇一般为双数，四扇、六扇、八扇等。隔扇通体为长方形，其高度为框槛底槛上皮至中槛下皮，或底槛的上皮至上槛的底皮的高度，再加边挺宽一份作上下掩榫，为其总的高度。每扇宽度为两抱框内皮间的宽，被隔扇数目除所得之数。隔扇门的宽与高的比一般为 1∶3 或 1∶4，内装修用的隔扇宽与高的比例较大，一般为 1∶5 或 1∶6。隔扇四周也是个木框，左右竖长的称边挺，边挺的看面宽为隔扇宽的 1/10，进深（即与看面垂直的面）为边挺宽的 1.4 倍，上下的横木称做抹头，抹头由两根至六根不等，其看面和进深皆同边挺。以六抹头隔扇门为例，阐述其结构如下（如图 11-8 所示）。

图 11-7 屏门

图 11-8 隔扇门

六抹头隔扇由三块绦环板、一块裙板和棂花心组成。它上下分两部分，自上第一抹头至第三抹头为上身，约占通高的 6/10，自第三抹头至最底抹头为下身，约占通高的 4/10。自上而下依次为：绦环板、棂花、绦环板、裙板、绦环板。即第一抹头与第二抹头间，第三抹头与第四抹头间、第五抹头与第六抹头间安装薄板、称做绦环板，第四第五抹头间安装薄板，称做裙板，第二、第三抹头间，安装子边（子屉），子边宽为边挺宽的 2/3，子边进深为边挺进深的 7/10。子边之内的空间安棂花，称做棂花心。裙板与绦环板上往往做一些吉祥图案的浮雕。

五抹头隔扇没有上面的绦环板，只有中间和下面两块绦环板及裙板。四抹头隔扇没有上下绦环板只有中间一块绦环板和裙板。

隔扇的一条边挺钉附着一根转轴，其宽与厚为边挺的 1/2。隔扇上轴插入中槛的连槛内，下轴插入连二槛内。

6. 风门

风门往往附在隔扇门外，安装在帘架上，冬天使用，夏天摘掉换为竹帘或苇帘。风门只有一扇，宽 1.1~1.2 米，高随帘架门口。结构简单，左右为边挺，上下由四根抹头将门分为三部分，上部为棂花，中部为绦环板，下部为裙板。

7. 帘架

帘架是房屋出入门的附属构件，既可安装风门，夏天又可挂帘子。两边有边挺，上面有两根抹头，两抹头间的距离等于隔扇高的 1/5，其内加子边，而后作棂花，称做花心，第二根抹头下部是门洞。边挺上端作轴插入中槛上的荷叶栓斗，下端则插入荷叶橔内，以安装风门（如图 11-9 所示）。

二、窗类

窗的主要功能是采光、通气、瞭望。它安装在两檐柱或金柱之间。有支摘窗、隔扇窗、直棂窗等。窗类也包括框槛和窗两部分，框槛位于槛墙踏板之上，檐枋或金枋之下，两柱之间。框槛由左右抱框与上、中、下槛组成，在上槛与中槛之间加折柱，将空间分为三部分，内安装子屉和棂花，称之为"横披"。

（一）支摘窗

支摘窗框槛包括左右抱框、间框、上槛，没有下槛。间框把窗分为左右两部分。窗的抱框、间框高等于槛墙踏板上皮至枋的下皮距离减去 1/2 柱径，即减去上槛的宽度。其宽为 1/2 柱径，厚 1/3 柱径。上槛与中槛宽和厚等于门的上槛宽和厚。中槛左右两部分完全对称，每一部分又分上下相等的两部分，上为支窗，下为摘窗。支摘窗的棂花，棂条直接安装在边框内，棂花复杂的，将棂花外做成子屉安装在边框内。边框看面宽一般为5～7公分，进深宽为看面的 4/5。摘窗可做棂花，清末也有安装玻璃的。支窗可支启，摘窗可摘下，故称支摘窗（如图 11-10 所示）。

图 11-9　帘架

图 11-10　支摘窗

（二）隔扇窗（槛窗）

隔扇窗的造型，尺度的计算和开启的方式与隔扇门完全相同，只是它的框槛安装在槛墙之上。长度较短，没有裙板，最多有上下两块绦环板，有的只有棂花。隔扇窗与隔扇门的关系，隔扇门裙板的上皮与隔扇窗的下皮同高（如图 11-11 所示）。

（三）直棂窗

直棂窗造型简洁、朴素，用直棂条排列成一个个竖条格。每扇一棂两当，棂宽为边当 1/2，进深与边当相同（如图 11-12 所示）。

图 11-11　隔扇窗（槛窗）

图 11-12　直棂窗

棂花是中国古建装修中特有的造型构件，无论内外装修，它都被广泛使用。如门、窗、隔扇、横披、挂落、坐凳楣子等都使用它。它是在四框内由长短不同的木条组合成的千变万化的造型样式。

棂花有其发展演变的过程，从出土的汉画像砖、画像石及汉冥器中，我们可以看到当时的门窗很简单,以直棂窗为主,还有斜棂窗,最复杂的是以斜格贯连小圆环,谓之"锁纹窗"。唐、宋遗存下的古建筑,多为庙宇,主要也是直棂窗,即窗框内安装着一根根很粗的菱形木棍即棂条,当距也不大,因那时没有玻璃,也很少用纸,基本露空。后来用纸贴糊,为了采光,棂条变细,为了防风吹雨淋,保证纸的寿命,当距一般在7~8公分左右。为了美观好看,前人创造出种类繁多的花式。

棂条变细后,只有立着的棂条易于变形,为了牢固,增加了正交的横棂条,于是就有了最为简单的"豆腐块"格子窗和"码三剑"格子窗。

棂条截面为矩形,看面略呈弧形,宽一般在1.5~2公分左右,进深在2.5公分左右。两棂条之间的距离一般在7~8公分左右,净宽5~6公分左右。关于棂花的设计问题,访问过老木工师傅,一般都谈的是对具体棂花的制作方法。根据对多种棂花的分析研究,笔者认为棂花虽然千式万样,但有一定的规律可循,归纳起来棂花设计有以下几点基本规律:其一,将子屉内的空间按8公分左右的距离分割成若干等距的方格、矩形格或菱形格,或中心格、或大或小,上下左右格等距对称,以此为基础;其二,遵照对称的原则消减部分棂条;其三,部分改变方形或矩形形象,变化为异形形象。根据以上三条原则,发挥想象,可以创造出无穷尽的棂花样式。

以码三箭、工字卧蚕步步锦棂花窗为例,做以剖析。

1. 码三箭

图11-9是码三箭棂花窗,横向8、9之间是一间框,其左右完全对称;以横向左边的一半为例,共有1~7棂条,分为8当;纵向共有1~9棂条,分成10当。减去纵向3、7棂条,即形成此窗码三箭造型(如图11-13所示)。

2. 工字卧蚕步步锦

工字卧蚕步步锦,首先将整个窗横向用10道线分为11个等距格,纵向用6道横线分为7个等距格;第二步,将横向1、6、11格的纵向1~6条横棂消减后,各加卧蚕卡子花,将其分为3等分;第三步,将纵向的上下两格内的横向的2、3、4、7、8、9竖棂消减后,各加卡子花一个;第四步,将横向2、6、10格内的纵向的2、3、4、5棂条消减掉,各加一个卡子花;第五步,将横向3、4、8、9格内的纵向3、4棂消减掉;最后一步,将纵2、6格内的横向3、8棂条消减掉,即形成现在的工字卧蚕步步锦(如图11-14所示)。

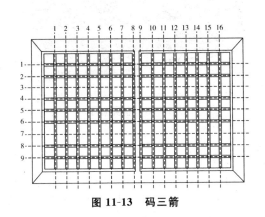

图11-13 码三箭   图11-14 工字卧蚕步步锦

对于棂花，每位工匠都有自己熟悉的拿手活，每个地区也都有独具特色的棂花样式，只要掌握了以上基本规律，就会创造出无穷尽的棂花样式来（如图 11-15、图 11-16 所示）。

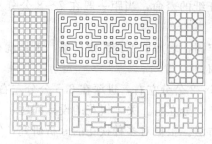

图 11-15　河北地区流行的几种棂花窗

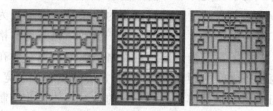

图 11-16　山西民间流行的棂花窗

三、其他装修

（一）挂落（倒挂楣子）

挂落的上下边框高在 30~45 公分不等，左右边框伸出下框 15 公分左右，头部刻成莲花装饰。挂落主要由边框、棂条、花牙组成。边框截面为 4 乘 5 公分左右，棂条截面为 1.5~2.5 公分，看面与进深的比约 2∶3。底边框与立边框转角处装花牙子，花牙两面透雕，常以卷草、梅、竹、松等为题材（如图 11-17 所示）。

（二）坐凳楣子

坐凳楣子常用于抄手游廊、长廊、攒尖等建筑物上，它位于基座之上，两檐柱之间，供人休憩。坐凳楣子的高度在 50 公分左右。主要构件由凳面、边框、棂条等组成。凳面宽 25~30 公分左右，厚 3~5 公分左右，由于坐凳支撑人的重量，所以往往每一间的坐凳中间加两根立柱，把一间长度分为三部分，左右立边加中间的两根立柱形成四条腿，支撑重量（如图 11-18 所示）。

图 11-17　挂落（倒挂楣子）

图 11-18　坐凳楣子

（三）㧟杖栏杆

㧟杖栏杆一般用于外装修，安装在高处，楼上檐柱间，防止人不小心跌落，起保护作用。有时也作为纯装饰，如栏杆罩下的栏杆、如意门砖檐上的砖栏杆，没有保护功能，只是一种装饰。栏杆的结构主要由地栿、望柱、花牙、腰枋、下枋、绦环板、荷叶净瓶和㧟杖栏杆等构件组成。望柱柱径约为柱径的 1/3，高 1.2~1.3 米左右，望柱紧贴柱的内皮，下端做榫安装在地栿上，地栿是一块截面矩形的方木，长为两柱之间的净长，左右与柱底端相交，下皮紧贴地面，宽度略大于望柱，高为宽的3/4。横向，两望柱之间往往由折柱和净瓶分为三段或五段。立面上，最上面是㧟杖栏杆，截面为圆形，长为两望柱之间的距离各减半个望柱柱径得净长，另外，两端各加一个望柱柱径的透榫得总长，直径6~8公分，高1米左右，其下为净瓶，净瓶下为中枋，中枋的上皮约在㧟杖和地栿

图 11-19　㧟杖栏杆

之间的1/2处，中枋长同㧟杖栏杆，其截面宽同㧟杖，高为宽的3/4。中枋下为绦环板，其宽为中枋的2.5倍，厚为折柱宽的1/3，绦环板上往往做透雕花饰。绦环板下为下枋，其长、宽同中枋。下枋下为走水牙子，高为下枋底皮至地栿上皮之间的1/5，宽同绦环板（如图11-19所示）。

第二节　内檐装修

建筑物内部所有柱间的间隔物，统称内檐装修。内檐装修同外檐装修一样，有框槛，除碧纱橱有底槛外，其他罩类只有上槛、中槛和抱框。室内装修的主要功能在于空间的分割。由于室内装修选材多为紫檀、红黄花梨、酸枝、乌木等名贵木材，加之常与透雕、浮雕、镶嵌、书法、绘画融合在一起，所以它又是漂亮、华美、高雅的陈列物、装饰品。常见的内装修有以下几种。

（一）碧纱橱

碧纱橱即用隔扇作内檐两柱间的隔断物，碧纱橱框槛有底槛、中槛、上槛、抱框。中槛与上槛之间是横披窗，横披由折柱分做3段或5段，内加子屉与棂花。底槛与中槛之间安装隔扇，隔扇为双数，四扇、六扇、八扇等。隔扇多少，视面阔或进深两柱之间的距离而定。中间两扇可以开启作门。它的功能既能将两间屋完全隔绝，各成一体，互不干扰，既能隔开，又能相通，彼此呼应。隔扇做法同外装修隔扇一样，只是做工精巧，用料考究，宫廷及上层社会，往往作些螺钿、玉石镶嵌（如图11-20所示）。

碧纱橱的仔屉往往按"加樘做法"，即两面加纱。上面配以绘画、书法等艺术形式，倍显美观高雅。

（二）落地罩

落地罩框槛只有抱框和上、中槛，没有

图 11-20　碧纱橱

底槛。位置也是在进深两柱间或面阔两柱间,中槛以下,紧靠左右两柱各安一扇隔扇,其底皮坐落在须弥座上,其上皮顶着中槛,隔扇与中槛相交90°处各加一个花牙子。由于左右隔扇落地,所以起名落地罩。落地罩往往用于客厅、书房等处,一间房空间不够用,需要两间、三间连起合用,但三间连在一起又感到空旷,在间与间的柱间用落地罩加以装修比较适宜,可以取得既相隔又相通,既有足够的使用面积,又没有空旷单调之感(如图11-21、图11-22所示)。

图11-21　落地罩一

图11-22　落地罩二

(三) 栏杆罩

在两柱抱框内,另加两根立框,框脚着地,框头顶着中槛。立框高、宽、厚同抱框,将空间分为三段,中间宽,作为通道,左右两段窄,并在左右抱框和立框下部安装栏板,三段空间上面加花罩。此种造型活泼典雅,别具一格,既将空间一分为二,又使两个空间相互呼应,造成似隔非隔、似连非连的艺术效果(如图11-23、图11-24所示)。

图11-23　栏杆罩一

图11-24　栏杆罩二

(四) 鸡腿罩 (吊罩)

鸡腿罩位于框槛抱框以内,置于横披挂空槛下,左右于抱框间安装花牙,结构简单,造型简明,因抱框如几案两腿落地,故名鸡腿罩。也有的将左右小花牙变为整个大的花饰,亦称吊罩(如图11-25所示)。

(五) 落地明罩

落地明罩类似落地罩,中槛以下,两抱框以内各加一隔扇,但无绦环板和裙板,只有花心,并直接落地,没有须弥座,整个造型玲珑精巧,因故名为落地明罩(如图11-26所示)。

图 11-25　鸡腿罩（吊罩）

图 11-26　落地明罩

（六）炕罩（床罩）

炕罩是炕或床榻前的一种装修形式，其结构造型同落地罩，其内挂幔帐（如图 11-27 所示）。

（七）圆光罩

圆光罩在进深两柱间，安装框槛、横陂，在中槛和两抱框间作满各种棂花装修，中间留圆门（如图 11-28 所示）。

图 11-27　炕罩

图 11-28　圆光罩

（八）太师壁

太师壁一般装修在明间，距后檐墙一步架至两部架处，即在金柱位置，左右立两柱，柱间装壁板，上作各种雕饰，一种形式是左右两边可以出入；另一种形式是中间为壁板，左右作成门，以供出入（如图 11-29 所示）。

（九）多宝格（博古架）

多宝格，具有装修与家具双重功能，一般安装在进深两柱之间，借以隔离空间。宽 40 公分左右，高在中槛之下，中间留门，以供出入。门左右分上下两部分，下部 80 公分左右做成柜门，可盛放书籍器物，上部做成方形、长方形、圆形和各种异形格子，以陈列

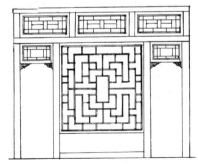
图 11-29　太师壁

瓷器，玉器，铜器，各种古玩工艺品，琳琅满目，高贵典雅，是上层社会或文人墨客书房、客厅不可缺少的装修物（如图 11-30、图 11-31 所示）。

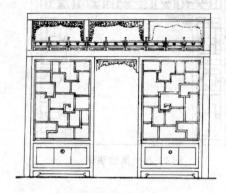

图 11-30　多宝格一

图 11-31　多宝格二

思考题

1. 何为中国古代建筑装修？装修分为哪两部分？
2. 框槛由哪些构件组成？
3. 门扉有几种？其结构如何？
4. 窗有几种？支摘窗与隔扇窗结构有何区别？
5. 何为内装修？其特点是什么？
6. 内装修有几种形式？

第十二章
油漆与彩画

○ 本章提要 ○

　　本章主要讲述油漆、彩画，作为中国古代建筑重要的有机组成部分，其主要功能是保护木构建筑，其次是装饰美化功能。
　　油漆包括材料配比、木基层处理、地仗工艺、单披灰地仗及油漆操作工艺介绍；彩画包括和玺彩画、旋子彩画、苏式彩画，由于彩画位置不同，其构图、内容、用色也不同。

第十二章

曲面与染画

本章导读

第一节 油　漆

中国古代建筑，土木工程完成后，要对露在外面的木构件刷油漆、绘彩画，进行表面装饰处理。油漆、彩画是中国古代建筑重要的有机组成部分，由于建筑材料以木料为主，为了防止风吹雨淋，蛀虫侵害，延长建筑寿命，建筑上要进行最后一道工序——油漆和彩画。而且在油漆彩画前，要进行"地仗"处理。所谓地仗，最早就是为了便于在构件上涂油漆绘彩画，刮上一层薄薄的腻子，后来逐步发展成"三道灰地仗"、"靠骨灰地仗"、"一麻五灰地仗"，甚至考究的达到"三麻二布七灰"。这些地仗材料是：灰油、油满、桐油、血料、麻等，地仗工艺十分复杂，将木构件严严包裹起来，起到保护功能，而后再刷油漆、饰彩画。所以油漆、彩画的主要功能是保护木构建筑，其次是装饰美化功能，油漆、彩画成为中国古代建筑不可缺少的组成部分。

中国古代建筑油漆是很重要的工种之一，称作"油漆作"，其工作内涵、工作程序很繁杂，《中国古建筑修缮技术》第五章油漆作（方足三著）中，对油漆工艺阐述得非常详尽，笔者概括起来分为：油漆材料的种类与配置；油漆部位木基层的处理；地仗处理和油漆操作工艺四大部分。油漆材料很复杂，种类很多，基本都是天然材料人工炮制。对每一种材料品质的要求、成分的多少、配置时技术上的应用、火候的掌握都非常严格，全靠工匠的经验与把握。

一、油漆材料

（一）灰油

灰油材料由生桐油、土籽灰、樟丹组成，由于使用季节不同，三种材料成分比例也不同：春秋为100∶7∶4；夏为100∶6∶5；冬为100∶8∶3。将土籽灰与樟丹混合，加火在锅里炒制，而后再加入生桐油，继续搅拌加火，直至油入水结珠不散，并下沉水底，即灰油制成。

（二）油满

油满材料由面粉、石灰水与灰油组成，比例为1∶1.3∶1.95。把面粉加石灰水搅拌成粥状，再加灰油混合搅拌而成。

（三）光油

光油材料由生桐油、苏子油、土籽、樟丹与黄丹粉（陀僧）组成。比例为：油（生桐油8、苏子油2）100∶5∶0.5∶2.5。先将油放在锅里熬炼至八成开火候，加入土籽，待土籽炸透，倒锅用文火熬炼，俟适当火候再加入黄丹粉，制作完成。

（四）血料

血料与石灰比为100∶4。用新鲜猪血，研制成稀薄血浆，再以石灰水点浆而成。

（五）麻、麻布

麻，用上等好麻，加工成10公分左右长柔软麻丝；麻布，用柔软、干净、拉力强的优质麻布，每公分长度内以10～18根丝为佳。

（六）桐油

桐油种类很多，以三年桐、四年桐的"原生桐"为佳。

（七）广红油

将漂广红用锅焙炒后，过箩去杂质，加光油调制，经日晒，杂质沉底，油漂浮于上，末道油最佳。

（八）杂色油

杂色油与前者用料相同，只是漂广红不用焙炒，直接用光油调制而成。

（九）金胶油

金胶油用于贴金，实际就是浓光油，加入适量糊粉（炒过的淀粉），达到合适黏度，即可。

（十）水串油

水串油材料为洋绿、樟丹、定粉与光油。将洋绿、樟丹、定粉用开水多次沏泡，去杂质后磨成细粉，沉淀后倒出浮水，再加入光油调和而成。

（十一）砖灰

砖灰是血料与油满内的添加材料，根据颗粒数量分为籽灰、中灰、细灰三种型号，它与油满、血料一起配制而成。

（十二）细腻子

细腻子材料为血料、水与土粉，比例为3∶1∶6。将血料与土粉子，用水调成糊状即可。

（十三）黑烟子（灯煤）

黑烟子材料为黑烟子、光油、白酒与水组成。黑烟子过箩后加入白酒混合，再以开水浇沏，倒出浮水，再加浓光油与黑烟子调和在一起而成。

（十四）地仗材料

地仗材料实际就是常说的腻子，材料由油满、血料与砖灰组成。由于使用功能不同，地仗名称、材料成分比例也不同：捉缝灰为1∶1∶1.5；压麻灰为1∶1.5∶2.3；头灰为1∶1.2；中灰为1∶1.8∶3.2；细灰为1∶10∶39。另加水6、光油2。将血料、油满、砖灰根据不同需要，不同比例配制而成。

二、木基层处理

新建筑木基层处理比较简单，而老建筑的维修，就比较繁杂。首先要将残存的旧地仗除掉刮光，对有缝隙的地方用铲刀将木缝撕成V字形，并将里面杂质清理干净，用油灰塞满粘牢，大的缝隙打入竹钉或木塞等，称之为"楦缝"。木基层处理最后一道工序是刷汁油浆，用油满、血浆加水调制而成，用刷子蘸稀油浆将木件全部刷一遍，特别是缝隙内也要刷到，目的使油灰与木件结合得更牢固。

三、地仗工艺

木基层处理后，下道工艺称作"地仗"处理，由于建筑物的规格不同、地仗位置不同，地仗处理工艺也不同，有一麻五灰、单披灰、三道油等操作工艺。下面简单介绍一麻五灰操作工艺。

（一）捉缝灰

在木基层最后一道工序汁浆刷完待干后，将捉缝灰用铁板向缝内刮，使缝内油灰饱满，压实。无缝处留一层薄油灰即可，待干后，用石片或瓦片磨平，修正边棱，清理干净。

（二）扫荡灰（粗灰、通灰）

在上道工序捉缝灰的基础上，再加一层粗灰，并衬平、磨圆、刮直，作为粘麻的基础。

（三）粘麻

将油满、血料涂在扫荡灰上，将处理好的麻或麻布粘在上面，再用"麻压子"压实，而后再用水调油满整个沁透一遍，干后用石头将麻线磨起麻绒，切防里有干麻，油不到位。麻厚为 0.15～0.2 公分。

（四）压麻灰

用皮子将压麻灰涂在麻上，来回压实，再度涂灰，用板子刮平、衬圆。干后清理干净。

（五）中灰

压麻灰干后，用瓦片或金刚石精心打磨，而后清理干净，再刮上一道薄薄的靠骨灰，如有线脚，再以中灰扎线。

（六）细灰

中灰干后，再精细打磨，边边沿沿、框口、线口，处处找齐。清理干净再涂一道 2 公分左右的细灰，有线脚的地方，再以细灰扎线。

（七）磨细钻生

细灰干后，用停泥砖细磨至断斑，即全部磨掉一层皮。再用生桐油钻生，油必须沁透细灰，并一次完成。待干后再用砂纸细磨一遍，清理干净，至此一麻五灰地仗全部完成。

注意以上每道工序前，都要清理干净表面灰尘杂质，每道工序都要做透、做实，不留死角。

四、单披灰地仗

凡是不带麻的地仗统称单披灰地仗，它又分为四道灰地仗、三道灰地仗和靠骨灰地仗等。

（一）四道灰地仗

四道灰地仗，省麻线，省工时，较为经济，但不耐久。常用于一般建筑，柱子、博风、瓦口、椽头等处。共五道工序：捉缝灰、扫荡灰、中灰、细灰、磨细钻生等项与一麻五灰相应工序相同。

（二）三道灰

三道灰常用于不易受风吹雨淋的位置，如室外斗栱、挑檐桁、椽子、望板等处；室内用于梁、枋、檩桁等处。它比前者少一道扫荡灰。

（三）靠骨灰

靠骨灰地仗，仅在建筑构件表面用细灰（细腻子）通刮一遍，着重裂缝，刮平压实，无缝处一抹而过，清理干净后，钻生桐油一道。

五、油漆操作工艺

油漆材料以光油为主，加入辅料樟丹、广红、银朱等成分，形成一种我国传统油漆，其优点色泽光亮，油皮耐久，不易变色。操作工艺如下：

（一）浆灰

用细灰面加血料调成浆，刷在地仗上，干后用细砂纸打磨一遍，清掉灰尘。

（二）细腻子

用三成血料、六成土粉子再加一成水调成浆，在地仗上再通刮一遍，干后用细砂纸打磨后清掉灰尘。

（三）上头道油

细腻子干后清理干净，上头道垫光油，即熟桐油加颜料。要求油层均匀。干后炝青粉，用细砂纸打磨后，清除灰尘。

（四）上第二道油

熟桐油加颜料，工艺同前。

（五）第三道油

用不加颜料的光油，工艺同前。至此油漆工作完成。

色油常用广红、樟丹、洋绿、定粉、银朱等颜料，先用开水反复浇沏，再用石磨研细，而后再加入浓光油搅拌，清除杂质即可。

第二节　和玺彩画

中国古代建筑彩画在世界各种建筑中别开一镜，独探丽珠，没有任何一种建筑的彩画，在建筑中如此重要，如此不可缺少，又如此光艳夺目。

一、中国古代建筑彩画有以下特点

1. 色彩具有保护建筑的功能。前面已经阐述，彩画前先做地仗、油漆处理，而后画彩画，所以彩画不是无用的脂粉，而对于露在外面的木构件具有一定的保护功能。

2. 独到的色彩使用。中国建筑使用色彩非常大胆、独到，善于使用鲜艳的颜色，甚至常把对比色拼在一起，以特有的处理方法达到既艳丽又和谐的艺术效果。宫殿建筑下面是大面积的红墙，上面屋顶是大面积的黄瓦，而在墙与屋面之间的檐部，以青绿色为主的彩画作装饰，加以协调，使两大面积的调和色之间加入小面积的对比色，从而整体达到协调中有对比，对比中有协调的视觉效果。清式彩画用色单纯，以青、绿、红三色为主，配以少量的香色（土黄）、紫色。为了避免单调，青绿两色常常调换位置，或上下、或左右、或里外、或曲直，使得单纯的颜色丰富起来。

3. 黑、白、金线，常用来勾画形象，作为界线使用，同时又用来调和对比，使相邻的对比色减弱对比强度，从而达到和谐统一。

4. 常用一种颜色加不同程度的白，使原色阶由深到浅，作"退晕"处理，造成色彩丰富和谐的艺术效果。

5. 色彩、图案的使用有严格规定，色彩、图案有地位、等级之分，不能随便使用。比如皇家宫殿及皇家太庙、皇家祭祀等建筑，屋面使用黄色琉璃瓦，墙使用红色，柱、梁、枋等使用彩画；王府建筑，使用绿琉璃瓦；黑、紫、蓝、红琉璃用于离宫别馆。而一般民居建筑不能使用漂亮的色彩，砖瓦只能使用青色，青砖、青瓦，墙只能使用灰色或白色、灰墙或白墙，油漆只能使用黑色，无官职爵位者，彩画禁用。

6. 彩画无论构图、色彩、形象、内容、都已形成固定模式，具有程式化风格。

7. 彩画中的形象、线形，常常先沥粉、后用色、再涂金，造成半浮雕效果。

8. 彩画中常使用金箔、金粉，造成金光闪烁，富丽堂皇的艺术效果。

中国古代建筑彩画经过两千多年的发展与演变已形成三种基本模式，即和玺彩画、旋子彩画和苏式彩画。和玺彩画与旋子彩画基本属于宫廷彩画，也称"殿式彩画"；苏式彩画用途较广，皇家使用，民间园林也常使用。每种彩画有每种彩画的特点和使用范围。无论哪种彩画，它们的构图基本是一致的，由于所使用的位置不同，其构图与所在的构件造型是一致的，即在特定的构件上进行彩画，所以构图必须适应彩画的构件，因此彩画构图是固定的。

和玺彩画由于用于皇家，所以彩画以龙、凤、夔龙、锦旋子、菱花、西番莲、西番草等具有象征意义的图形为主要内容。

二、用于桁、枋位置的彩画

由于桁、枋看面是长的弧形或长方形，因此这些位置的彩画是条状形的。整个构图分作三部分，由一种人字形或横M形的锦枋线分割，与柱相接的两端称作"箍头"，各占总长的1/3，中间部分称作"枋心"，占总长的1/3（如图12-1所示）。箍头分"死箍头"与"活箍头"两种（如图12-2、图12-3所示），退晕者称死箍头，若做连珠、万字等几何图案则称活箍头。箍头又分内外两部分，里端靠近枋心部分称作"藻头"或"找头"，外端称作"箍头"，若梁、枋较长，又可在两端箍头位置平行分隔开，左右各两条竖直平行线，中间空出

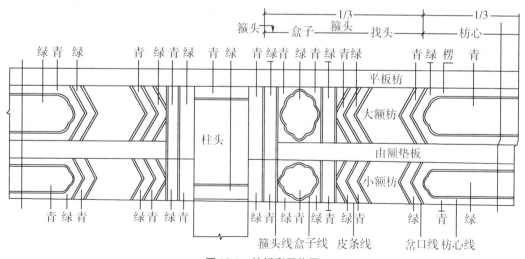

图 12-1　枋板彩画构图

矩形空间，称作"盒子"。凡用于分隔或绘制图形的线体，统称"锦枋线"，包括枋心线、箍头线、盒子线、皮条线、岔口线等五大线。

和玺彩画由于枋心、藻头所表现的主体图案不同，名称又有所不同：若绘龙图案，称作金龙和玺；若绘龙凤图案，称作龙凤和玺；若绘龙与楞草图案，称作龙草和玺；若只绘楞草图案，称作楞草和玺；若只绘莲草图案，称作莲草和玺。

图 12-2　死箍头

图 12-3　活箍头

1. 金龙和玺彩画

金龙和玺彩画在清式彩画中，等级、地位最高，整个彩画以各种形态的龙为表现主体（如图 12-4 所示）。色彩上以青、绿、红为主，龙、云气、火焰、锦枋线等均贴金箔。藻头画升龙或降龙，盒子画坐龙，枋心画二龙戏珠，若藻头长，可画升降二龙戏珠；大额枋与小额枋，相同位置青绿两色互换，如大额枋枋心为青色地，二龙戏珠，小额枋则绿色地，二龙戏珠；额垫板红色，画行龙，自两端向中面对排列；平板枋青色，画行龙，自两端向中面对排列。各种龙周围都要画云气、火焰加以衬托。故宫太和殿、中和殿、保和殿全使用金龙和玺彩画（如图 12-5 所示）。

图 12-4　金龙和玺彩画

图 12-5　和玺彩画枋心、垫板二龙戏珠图案

2. 龙凤和玺彩画

整个彩画以龙凤图案为主，青地画龙，绿地画凤。龙画在青枋心、找头、盒子上；凤画在绿枋心、找头、盒子上。若大额枋枋心画龙，则小额枋枋心画凤。龙与凤相互换位，或相间，或龙凤同时画在同一枋心内，称作"龙凤呈祥"。额垫板与平板枋一般画一龙一

凤，相间排列。故宫乾清宫、交泰殿、坤宁宫都使用龙凤和玺彩画（如图 12-6、图 12-7 所示）。

图 12-6　龙凤和玺彩画

图 12-7　龙凤和玺彩画

3. 龙草和玺彩画

整个彩画无论枋心、找头、盒子，皆由金龙、金轱辘楞草图案调换使用。龙画在绿地上，金轱辘楞草画在红地上。额垫板不画龙，只画金轱辘楞草。

第三节　旋子彩画

所谓旋子彩画，是彩画的找头图案为"旋子"造型，旋子是一种花的变形，在一个圆里，一层层花瓣上下正反卷曲，形成旋子。花瓣有几层称几路瓣，有"一路瓣"、"二路瓣"、"三路瓣"，最里层花心称"旋眼"。正反旋花中间的空地形成剑头形，故称"宝剑头"，花瓣之间的空地三角形，故称"菱角地"，旋子靠箍头位置的图案，或相当于和玺彩画的"盒子"位置的图案，称作"栀花"。旋子根据找头的长短，以"一整两破"为基本造型，作不同形式的花瓣增减处理，可得出多种旋子样式。所谓"一整两破"，"整"是整个旋花，"破"是一个整旋花破成两半个旋花。

一、旋子的几种样式（如图 12-8 所示）

（一）勾丝咬

勾丝咬旋子找头长度比较短，约为皮条线至岔口线宽度的三倍，由三部分旋花相交咬在一起，故称勾丝咬。

（二）喜相逢

喜相逢旋子找头比前者略长，约为皮条线至岔口线宽度的 4～5 倍，三部分旋花相交（如图 12-9 所示）。

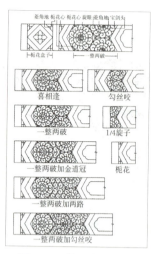

图 12-8　旋子彩画种类

图 12-9　喜相逢烟琢磨石碾玉

（三）一整两破

一整两破其长度约为皮条线至岔口线宽度的六倍，一个整旋花与两半个旋花相组合。

（四）一整两破加一路

一整两破加一路其长度约为皮条线至岔口线宽度的六倍，在一个整旋花与两半个旋花之间加一路旋花。

（五）一整两破加金道观

一整两破加金道观其长度约为皮条线至岔口线宽度的7.5倍，在一个整旋花与两半个旋花之间，加一道形似道观的图案（如图12-10、图12-11所示）。

图 12-10　一整二破、一整二破加金道观雅伍墨旋子彩画

12-11　一整二破加金道墨观线小点金彩画

（六）一整两破加两路

一整两破加两路，其旋子长度为皮条线至岔口线宽度的8倍，在一个整旋花与两半个旋花之间，加两路旋花。

（七）一整两破加勾丝咬

一整两破加勾丝咬，其旋子长度为皮条线至岔口线宽度的9倍，在一个整旋花与两半个旋花之间，加一个勾丝咬的图案。

（八）一整两破加喜相逢

一整两破加喜相逢，其旋子长度为皮条线至岔口线宽度的 10 倍，在一个整旋花与两半个旋花之间，加一个喜相逢图案。

二、旋子的色彩处理根据找头部位的用金、退晕层次等可分为如下几种样式

（一）金琢墨石碾玉彩画

金琢墨石碾玉彩画，此种样式枋心多画龙锦，青地画龙，绿地画锦。所有锦枋线和各路花瓣皆沥粉贴金、退晕。旋眼、菱角地、宝剑头、栀花心皆沥粉贴金。整个彩画辉煌、绚丽，为旋子彩画中佼佼者。

（二）烟琢墨石碾玉彩画

烟琢墨石碾玉彩画，在等级上仅次于金琢墨石碾玉，旋子彩画等级上仅次于和玺彩画，所有锦枋线沥粉贴金、退晕；旋眼、菱角地、宝剑地、栀花心皆沥粉贴金；而旋子各路瓣及栀花则用墨线、退晕。

（三）金线大点金彩画

金线大点金彩画，所有锦枋线沥粉贴金、退晕；旋子、栀花用墨线不退晕；旋眼、菱角地、宝剑头、栀花心皆沥粉贴金；枋心画龙锦，盒子青地画龙，绿地画西番莲。

（四）墨线小点金彩画

墨线小点金彩画，除旋眼、栀花心沥粉贴金外，其余锦枋线、花瓣皆用黑线勾画，无金饰；枋心多为"一字枋心"，即枋心中间画一条黑杠，或画夔龙；盒子多以栀花图案为主；垫板多以半个瓢、小池子为主（如图 12-12、图 12-13 所示）。

图 12-12　一整二破加金道观墨线小点金　　图 12-13　一整二破加两路(上)、一整二破(中)、一整二破加一路墨线小点金(下)

（五）雅伍墨彩画

雅伍墨是旋子彩画里最简单，等级最低但比较素雅的一种样式，与前面几种最大的区别是既不用金，也不退晕。枋心多用"一字枋心"；旋子在青绿地上用黑白线勾画；平板枋以画栀花为主；额垫板无图案只刷红油漆（如图 12-14～图 12-17 所示）。

图 12-14 雅伍墨旋子彩画

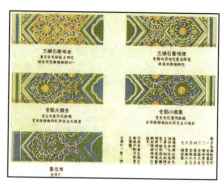

图 12-15 彩画等级比较

图 12-16 箍头花式

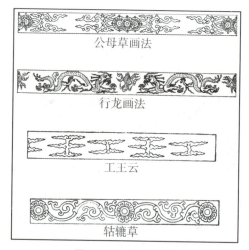

图 12-17 彩画花式

第四节 苏式彩画

苏式彩画最早源于苏州，后流传到北京，成为与和玺彩画、旋子彩画风格各异的一种彩画形式，它常常使用在园林建筑上，给人以活泼、优雅、情趣与无限遐想。

苏式彩画与和玺彩画、旋子彩画最大不同之处在于枋心，它将枋、垫板、桁连成一体，在中间用连续弧线画成半圆形的"包袱"，包袱作多层退晕，外层称"烟云托"，内层称"烟云"。烟云又分"软烟云"和"硬烟云"两种，软烟云由曲线画成，硬烟云由直线画成（如图 12-19 所示）。

苏式彩画由图案和绘画构成，图案以锦纹、回纹、卡子（硬卡子、软卡子）、连珠、夔纹等为主，绘画题材广泛，山水、花卉、鸟兽、楼台、殿阁、历史人物故事等，皆可选取。

箍头常以方格锦、回纹、万字、连珠为图案，做活箍头，而少用退晕的死箍头（如图 12-18 所示）。

图 12-18　苏式彩画硬包袱、活箍头

图 12-19　软包袱苏式彩画

苏式彩画与和玺彩画、旋子彩画一样，也根据用金量和退晕层次划分等级与样式。下面简单介绍以下几种苏式彩画样式：

一、金琢墨苏画

金琢墨苏画，此种彩画用金量最大，凡图案退晕，外轮廓皆沥粉贴金，包袱内甚至用满金做衬地，称之为"窝金地"。退晕层次也多，少者几层，多者十几层。它是苏式彩画中的最高等级。

二、金线苏画

金线苏画，此种彩画是苏式彩画常见的一种样式。从沥粉贴金的角度来看，与金琢墨没什么区别，只是轮廓内不再做退晕，烟云退晕层次也减少，最多5~7层。

三、黄线苏画

黄线苏画，此种彩画又称墨线苏画，较之前两者，所有形象一律不沥粉贴金，只用黄线或者黑线画轮廓；箍头用回纹或锁链锦，青箍头用黄色退晕，绿箍头用紫色退晕；卡子蓝地用绿卡子，绿地用红卡子。

四、海漫苏画

海漫苏画，此种彩画特点没有金活，死箍头、无枋心，用黄线或黑线画一些简单的花纹，如蓝地画红黄绿三色流云，绿地画黑叶折枝画。垫板画三蓝折枝画（如图 12-20 所示）。

图 12-20　海漫苏画

第五节 其他构件的彩画

一、斗栱彩画

斗栱彩画比较简单,每攒斗栱、每个构件,斗、栱、升、昂、翘,顺其外轮廓画线,线色有五种:金、银、蓝、绿、墨。正身栱眼与外拽栱坡棱刷红油漆。线内地色用红、黄、青、绿四色,以青绿为主。线内地可用素色,亦可画花,题材有夔龙、西番莲、流云、墨线等。

斗栱彩画依据大木彩画而定,根据用金量和退晕层次,有三种做法。

(一)金琢墨斗栱

金琢墨斗栱边多采用沥粉贴金,青绿退晕(如图12-21所示)。

(二)金线大点金斗栱

金线大点金斗栱不沥粉,不退晕,只贴平金、齐白粉线。

(三)墨线斗栱(黄线斗栱)

墨线斗栱栱边不沥粉,不贴金,只用黑线或黄线抹边,与雅伍墨、黑线大点金、黑线小点金等配合使用(如图12-22所示)。

图12-21 金琢墨斗栱

图12-22 墨线斗栱

二、垫栱板彩画

垫栱板彩画与斗栱彩画一样,也有线、地、花三部分,颜色应与斗栱色反衬。线内地画题材以龙、凤、连草等为主。

三、角梁彩画

角梁彩画,角梁有两部分,上面的子角梁如顶端有套兽,则底面画龙肚子纹,称作"肚玄"。角梁用绿色,用蓝色退晕,5～9道,用单数。贴金、退晕的层次根据大木等级而定(如图12-23所示)。

四、椽头、椽身、望板彩画

椽头彩画，底层檐椽头图案为"宝珠"亦称"龙眼"，上层子角梁梁头，殿式以万字、栀花为主；绿地，金或黑色图案（如图12-24所示）。

图12-23　角梁彩画

图12-24　椽头龙眼、万字彩画

五、天花彩画

天花彩画分两大部分，支条与天花板。枝条相交成井字形，相交处称"燕尾"，燕尾往往画云形图案，中心为轱辘图案，天花板图案造型，自内而外为圆光、方光，方光四角称岔角、大边、井口线。圆光内图案有龙、凤、仙鹤、云、草、花卉等，根据建筑等级而定（如图12-25、图12-26所示）。

图12-25　圆光坐龙天花彩画

图12-26　圆光坐龙天花彩画

思考题

1. 彩画有何功能？
2. 彩画有何特点？
3. 枋板位置的彩画构图怎样？
4. 和玺彩画有何特点？
5. 龙凤彩画有何特点？
6. 苏式彩画与殿式彩画有何不同？

第二篇 中国古代建筑历史演变

第十三章
原始社会时期建筑
（公元前六、七千年至公元前21世纪）

---◦ **本章提要** ◦---

  本章主要讲述的是我国原始社会时期建筑。人类之始，我们的祖先为防风雨、抗严寒、御酷暑、避虫蛇猛兽的袭击，创造出建筑的原始形态。由于南、北方气温、地理条件的差异，他们创造出了两种截然不同的建筑类型，即以浙江余姚河姆渡村原始遗址为代表栏杆建筑和以黄河流域仰韶文化为代表的穴居建筑。公元前21世纪的龙山文化时期开始出现家庭，个体建筑面积缩小，并发展为大小程度不同的村落，建筑材料使用了白灰，出现了土坯。

第一节 河姆渡文化

建筑的产生与发展,受到自然条件和社会等诸多因素影响,其中包括气候的冷热、雨水的多少、地势的高低、地质的类型、建材的来源、生产力的高低、人类的意识形态、民风民俗、社会的性质等,都对建筑产生重要影响。我国历史悠久,根据考古发掘,距今约六七千年前,我国已进入氏族社会,我们的先人已开始从事建筑活动。由于我国是一个多民族的国家,地域辽阔,从地质上,东有沿海,西有群山高原,北有沙漠草原,南有沃野水乡;从气候上,南处热带、亚热带,中处温带,北处寒带,不同的自然条件给人类提供了最原始的建筑材料,制约了人类建筑活动,从而出现了不同的原始建筑风格。

从考古挖掘出的原始建筑遗址情况来看,这一历史时期我国的原始建筑出现了两种风格不同的形式,即南方的杆栏式建筑和北方的穴居建筑。

江南气候炎热,雨水多,潮湿,多虫蛇,于是产生一种地面腾空、远视似楼而非楼的杆栏式建筑。在浙江余姚河姆渡村发现一原始建筑遗址,已挖掘出的部分长23米,进深约8米,属木构架建筑,其中有类似柱、梁、枋、板等构件遗物,许多构件上带有卯榫。根据挖掘现场推断,这可能是一种体量较大长方形杆栏式建筑(如图13-1所示)。而这些构件却是用石器打凿而成,技术水平相当高,超过同时期黄河流域一带建筑水平。

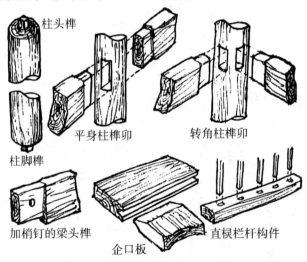

图 13-1 河姆渡遗址木构件卯榫

第二节 仰韶文化

黄河流域,气候干燥,雨水少,黄土层厚,且含有石灰质,这一带先民们,便利用这样的自然条件仿照天然洞穴，创造了人工穴居原始建筑。这一时期我们发现了河南渑池的仰韶文化和仰韶文化晚期的西安半坡村遗址，概括起来原始建筑有袋穴居、坑式穴居、半穴居、地面建筑几种形式。

一、袋穴居

图 13-2 山西万泉荆村袋穴居剖面图

袋穴居样式像装东西的袋子，它深入地下，平面为椭圆形和圆形两种，圆形居多，上口直径小，下面直径大，洞壁自上而下往外微微凹入（如图 13-2 所示）。山西万泉荆村仰韶文化一遗址，深约 3 米，底径 4 米。据专家推测，洞口是用木骨架扎捆枝条，而后再涂抹草泥做屋顶，用以遮雨挡风，仅留一口出入，用独木梯上下，这是最原始的一种穴居建筑形式。此穴居优点是地面口径小，便于遮挡，制作容易；缺点是由于穴壁向里倾斜，易于坍塌。

河南偃师汤泉沟 H6 袋穴居遗址，穴深超过一人高，壁拱深较浅，穴底、穴壁各一柱洞，推测可能是安装支撑穴顶与上下独木梯构件的柱洞（如图 13-3 所示）。

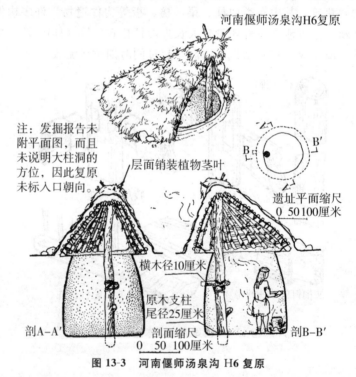

图 13-3 河南偃师汤泉沟 H6 复原

二、坑式穴

由于袋穴居容易坍塌，先民们经过长期实践，改变了袋穴居的做法，形成了坑式穴居的形式。坑式穴居与袋穴居近似，只是上下径一样大小，洞壁是垂直的，解决了洞壁易坍塌的问题，比袋穴居前进了一步。山西夏县西阴村仰韶文化遗址一坑式穴居，平面椭圆形，深 1～2.5 米，穴内有一堆黄土夹杂着灰土，可能是塌下的屋顶遗迹。此穴居壁面已没有倾斜，较之袋穴居应是较大的进步。

无论袋穴居还是坑式穴居，都不用在地面筑墙，比较容易构筑。

三、半穴居

半穴居是人类从地下建筑往地上建筑发展过渡的阶段，由于是半地上半地下，地下的深度减小，不仅土壁不易坍塌，而且便于人们出入，比坑式穴居又前进一步。但要在地面上解决全部空间隔离的问题，制作难度无疑加大。

陕西西安半坡村仰韶文化遗址，已完成挖掘面积南北 300 多米，东西 200 多米。遗址分为居住区、墓葬区和制陶窑场三部分，居住区和窑厂与墓地之间有一道壕沟隔开。其中 F41 半穴居，平面为方形，方形四角微圆，面积在 20～40 平方米左右，深 0.5～0.8 米，有狭窄斜门道通向室内，穴的四周与门道两侧布满密集整齐的小柱洞，穴内中部有四个大的柱洞，柱洞内的土质多经过打实，地面也用草泥平整压实。据推测，四根柱子作为构架的骨干，支撑着一座四角攒尖顶，为便于采光与排烟，顶的上部做有小窗；门道利用密集的小柱交叉成人字形，整个建筑骨架外面抹草泥。这种半穴居地面上的墙体与屋顶是一体的，合二为一的，墙体与屋顶没有形成独立的部分。如图 13-4 所示为此遗址想象复原图。

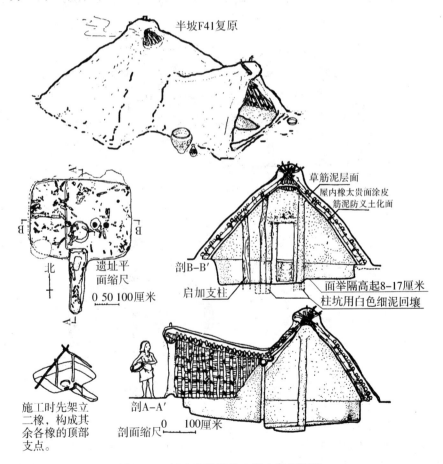

图 13-4　西安半坡村 F41 半穴居复原图

四、地面建筑

仰韶文化后期,半穴居慢慢转变为地面上的建筑,半坡村 F22 的圆形遗址,周围墙体遗址厚达 25~30 厘米,建筑中间大的柱洞直径约 20 厘米,周围排列着密集的小柱洞,直径一般为 4~16 厘米,并有火塘、门道,门内两侧有矮墙(如图 13-5 所示)。这是一座圆形顶,为采光与排烟,顶的上部开有小窗。值得注意的是,这种地面建筑墙体与屋顶已有分工。

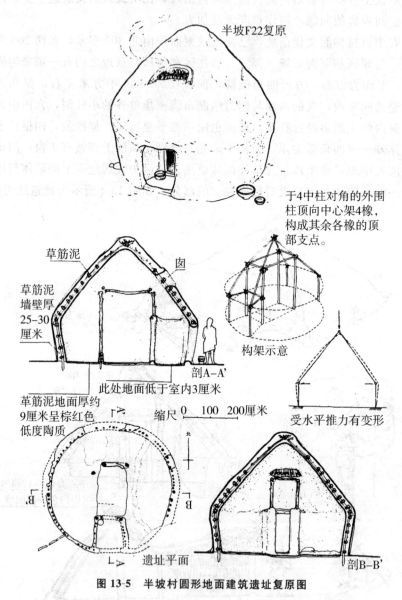

图 13-5 半坡村圆形地面建筑遗址复原图

西安半坡村仰韶文化晚期 F24 遗址,平面为长方形,四周柱子排列整齐,已基本形成柱网,形成"间"(如图 13-6 所示)。纵深正中横向一排四根柱,在一条直线上,推测脊檩已达两山;遗址有 26 厘米厚的两面草筋泥的遗迹及 7 乘以 2 厘米板椽遗迹;从全部遗迹判断，此建筑木构架和墙体已明显分工，是一座三间两坡顶建筑，表明建筑技术已达到一定水平。

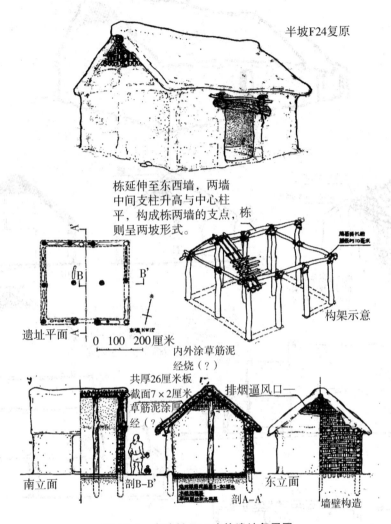

图 13-6　半坡村 F24 建筑遗址复原图

仰韶文化后期建筑不仅从地下转为地上，而且已有了分隔成几间的建筑。郑州大河村仰韶文化一遗址复原图，已是一组建筑，由三间进深长，高度高的房屋，与一间进深短，高度矮的房屋建在一起，矮的一间山面还建了一间单坡的畜圈（如图 13-7 所示）。这组建筑，除墙体是由小柱、枝杆编制并抹泥外，外形与后世北方农村民居没太大区别。

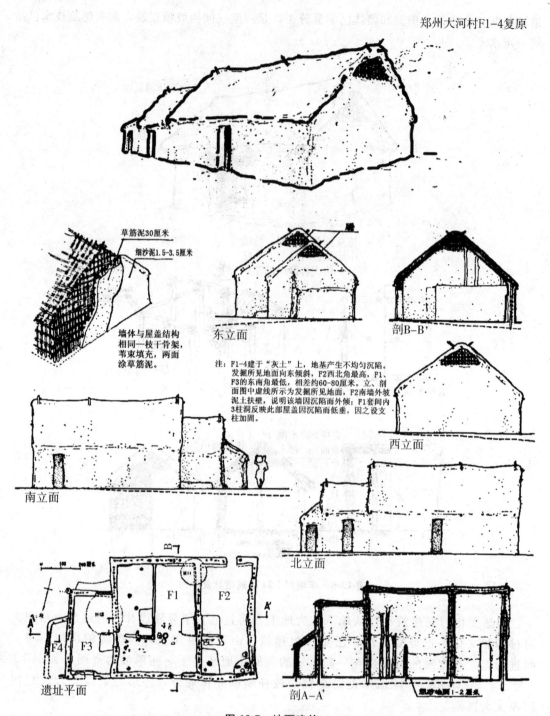

郑州大河村F1-4复原

图 13-7 地面建筑

五、甘肃泰安大地湾 F901 遗址

这是这一时期规模宏大的一处遗址,分为前后两部分,根据柱洞遗址判断,前面一栋建筑面阔方向六柱五间,进深三排柱,两间,柱洞排列整齐、对称,没有墙垣遗迹;后面

一栋主体部分前后两排各八根柱，排列整齐，对称；靠近后排有两大柱洞；另根据小柱洞、墙体、门窗遗迹，建筑考古专家杨鸿勋先生将整组建筑复原为：前面为面阔五间，进深三间的轩；后面正身部分为连通的四间"堂"；左右各为一间"旁"；后面一排左右角各为一间"夹"；中间部分为三间"室"（如图13-8～图13-12所示）。

这栋建筑前檐正中向外突出一间屋，类似小前厅，与轩相通。

根据建筑复原图，可以看出这组建筑与清代张惠言《礼仪图》中的士大夫住宅图已很接近。它可能是当时部落首领的宫殿，即后世宫殿的雏形。

图13-8 大地湾F901遗址

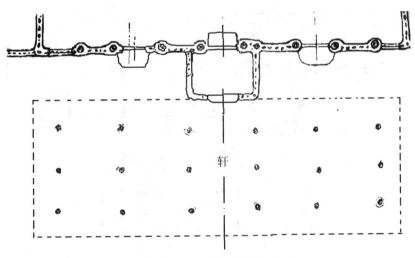

图13-9 大地湾F901遗址

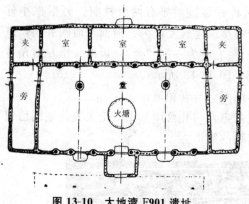

图 13-10 大地湾 F901 遗址

图 13-11 大地湾 F901 遗址

图 13-12 大地湾 F901 遗址

下面一组复原图（如图 13-13 所示）引自《建筑考古学论文集》，作为形象参考资料。

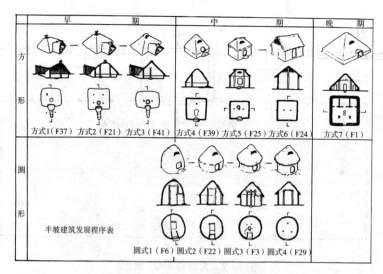

图 13-13 半坡建筑发展程序图表

第三节 龙山文化

黄河中下游地区龙山文化有着共同的特点：其一，都已形成大小不同的村落，小的只有几百平方米，大的可达 36 万平方米；其二，个体建筑平面比较小，室内多为白灰面的居住面，平面多为圆形。

河南偃师灰嘴一龙山文化遗址，长方形，东西长 4.2 米，南北宽 2.7 米，较之仰韶文化建筑面积缩小了很多。

龙山文化已进入父系氏族公社时期，出现了家庭，与此相适应的建筑平面布局与结构也发生了变化，建筑面积缩小，出现了套间式、吕字形半穴居，室内外都有做饭、烤火的地方，室外还有窖穴，储藏物品。龙山文化遗址很多地面使用白灰，还发现了土坯砖（如图 13-14 所示）。

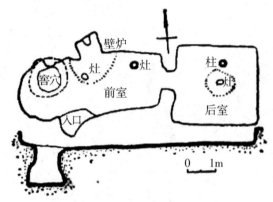

图 13-14 龙山文化中吕字形半穴居

概括起来，这一时期的原始建筑，由地下袋式穴居到坑式穴居，由坑式穴居到半穴居，由半穴居转为地面上的建筑，又由一间大房变为两间或多间小房，并组成为大小不等的村落。此外从仰韶文化遗址来看，当时村落分为生活区、墓葬区和制陶窑场，已有了一定的规划。人们居住的地方有了储存物品的窖穴及炊爨和排烟设施；建筑墙体和屋面由不规则的木骨架上枝条绑扎、再抹草泥，到形成有规律性的柱网，木构架和墙体有了明确的分工；建筑材料上开始使用了土坯和白灰。这一切都说明这是一个原始的，多样的，发展的，前进的，不断变化的建筑时期。

思考题

1. 原始社会我国南方与北方建筑样式有何不同？
2. 仰韶文化与龙山文化中的建筑有几种形式？两种文化有何不同？
3. 原始社会建筑材料有何发展？
4. 原始社会建筑的发展趋势怎样？

第十四章
奴隶社会时期建筑
（公元前21世纪至公元476年）

———————◇ 本章提要 ◇———————

  本章主要讲述的是奴隶制社会时期的建筑。原始社会的解体，标志着奴隶社会的兴起，由于社会生产关系的改变、阶级的产生，上层社会的建筑，城池、宫殿应运而生。同时，这一时期青铜器得到广泛应用，木工用具出现了斧、锯、刀、钻、凿、铲等，促进了建筑技术的发展。

  这一时期的建筑材料出现了板瓦、筒瓦，自此建筑开始脱离了"茅茨土阶"的原始形态。

第一节 夏、商时期建筑
（公元前 21 世纪至公元前 11 世纪）

一、夏朝（公元前 21 世纪至公元前 16 世纪）

公元前 21 世纪，夏朝的建立，标志着原始社会的解体，奴隶社会的开始。

夏朝是我国有文献记载的最早的奴隶社会朝代，夏朝已使用青铜器。这一时期，人类已开始了与大自然积极的斗争，据文献记载，夏朝曾兴建城池、宫殿。夏的活动范围主要在黄河中下游一带，统治中心在现今嵩山附近的豫西和山西的西南部一带。有关夏代的建筑考古资料发现不多，对夏代建筑所知甚微。至今所发现最大的夏朝建筑考古遗址，是两座相连的城堡遗址，它位于河南嵩山南麓王城岗，据推测它是夏朝初期遗址，东城已被大水冲毁，西城平面近似方形，近 90 平方米，由鹅卵石夯筑而成。

二、商朝（公元前 16 世纪至公元前 11 世纪）

奴隶社会自夏朝开始兴起，到商朝有了较大的发展。商朝的版图，以河南黄河两岸为中心，东至山东，西至山西，南至安徽、湖北，北至河北、山西、辽宁。由于青铜器的使用，生产力得到发展，建筑技术随之得到提高，从而促进建筑业的发展。现已出土的大量青铜器，有礼器、兵器、生活用具和生产工具等，木工用具有：斧、锯、刀、钻、凿、铲等。

商朝的甲骨文，是我国文字的原始雏形，很多是象形字，其中宫、京、高、室、宅、门、户、席、墉等字都是模仿建筑象形而来的（如图 14-1 所示）。如宫字，好像是两坡顶或四坡顶的两层楼房；京字是高台上的一座建筑；高字也像一高台建筑；门字像似院子的衡门，两柱之间上面加一横棍，左右各安装一门扇；席字，像似后世的苇

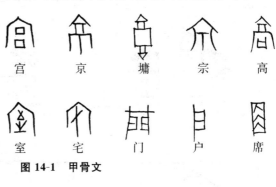

图 14-1 甲骨文

席，当时人席地而坐。从这些文字的形象中，我们可以看到当时建筑的形象：封闭的墙垣，人字形的屋面，上下两层的楼房，房屋底部的台基，门窗的样式等。

从出土遗址看，商朝建筑有上层社会的建筑，如城池、宫殿等；也有社会底层的穴居。建筑平面有方形、长方形、圆形、凹形、凸形、条状形。宫廷建筑柱网规整对称，下有石柱础和铜锧。由此说明木构架建筑已发展到相当水平。

另外，从陵墓中出土的一大木椁来看，它是用巨大的木料相互垒叠而成，和后世的井干建筑相似，由此推测，当时还有井干结构建筑。

河南偃师二里头的商代遗址，被认为是成汤都城——西亳的宫殿（如图 14-2、图 14-3 所示）。现残留夯土台 0.8 米高，东西约 108 米，南北 100 米。北面有八开间殿堂一座，

中国古代建筑及历史演变

南面设大门，四周有回廊，院落的东北角，两向各有一座小门。此组建筑柱网规整对应，柱径达 40 厘米。从平面布局来看，已基本形成对称的平面构成和封闭式的院落。

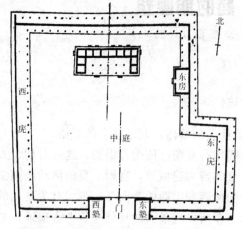

图 14-2　河南偃师二里头商代宫殿遗址

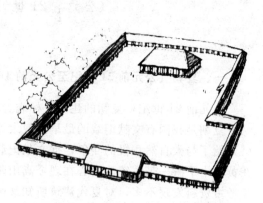

图 14-3　河南偃师二里头商代宫殿遗址

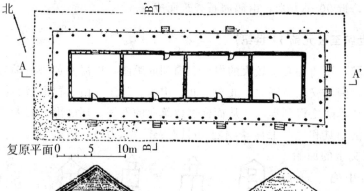

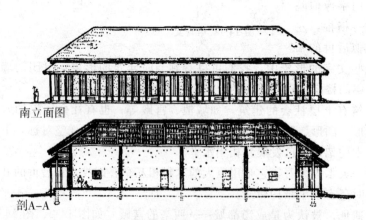

图 14-4　湖北黄陂县盘龙城商代宫殿遗址

商代中期已发现两座城址，一座是郑州商城，遗址周长 7 公里，城中偏北有不少大面积的夯土台，可能是宫殿、庙宇的遗址。此外，城外还发现不少陶器、骨器，冶金、造酒等作坊和半穴居。

另一处商代遗址，是在湖北武汉附近黄陂县盘龙城，面积约 290 乘以 260 米，城内东北隅有一大夯土台，上面有一面阔四间的建筑，四周环廊，柱网规正对应，推测是商朝某一诸侯国的宫殿遗址（如图 14-4 所示）。

商代后期，迁都于殷，即现今河南安阳西北两公里的小屯村（如图 14-5 所示）。遗址约 25 平方公里。分北、中、南三区。北区有大小基址 15 处，大型基址平面为长方形或凹形，朝东向，小型为方形、长方形，朝南向。因没有人的墓葬，推测可能是王室居住区；中区南北长 200 米，大小遗址 21 处，布局较为整齐，轴线上有门址三处。轴线最后有一座主要建筑，由于基址下埋有持戈盾的跪姿侍卫，这里可能是宫殿或宗庙；南区规模较小，建筑年代较晚，平面布局按中轴线左右对称法则建造。此区内牲畜埋于左侧，牲人埋于右侧，规律整齐，可能是商王朝的祭祀场所。此外还有一些小型穴居，可能是奴隶居住的原始建筑。

通观殷都遗址，可以看出，殷都整个城市是陆续建造的，由单体建筑沿中轴线组建，形成整个城市布局，这种城市建造法则一直延续到明清。

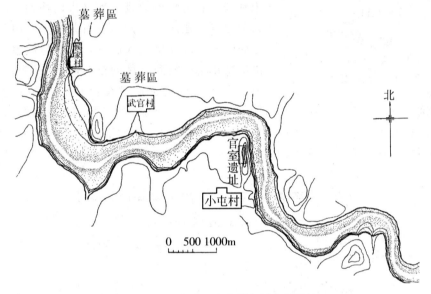

图 14-5　河南安阳小屯村殷城宫殿遗址

第二节　西周、春秋时期建筑
（公元前 11 世纪至公元前 476 年）

一、西周时期建筑（公元前 11 世纪至公元前 771 年）

（一）城市建设

西周城市建设已有相当发展，战国时的《考工记》记载了周朝的都城制度："匠人营国，方九里，旁三门，国中九经九纬，经途九轨，左祖右社，面朝后市。"（如图 14-6 所示）根据等级规定，诸侯的城不得超过王城的 1/3，中等诸侯城不得超过王城的 1/5，小诸侯城不得超过王城的 1/9。

《左传》与《礼记》还记述了周朝宫室外，建有为防御与揭示政令的"阙"。其次有五门（皋门、库门、雉门、应门、路门）

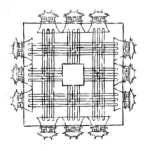

图 14-6　周王城图

和处理政务的三朝（大朝、外朝、内朝）。

西周已出现了板瓦、筒瓦、人字形断面的脊瓦和瓦钉。还出现了带有饕餮纹、涡文、卷云纹、铺首纹等花饰的瓦当（如图14-7所示）。自此建筑开始脱离了"茅茨土阶"的原始形态。

（二）建筑遗址

陕山岐山凤雏村出土的西周遗址，已是相当严整的四合院建筑（如图14-8、图14-9所示）。它依照中轴线左右对称的原则构筑，大门面南，院外正对大门建有一座影壁；大门左右为两塾；由一进院穿过面阔六间的厅堂进入后院，厅堂与后罩房之中间由主廊相连；整齐对称的东西厢房将院包围，两厢前檐设廊；整座建筑建在台基上，南北通深45.2米，东西通宽32.5米，屋顶已使用了瓦件。基座下设有陶管和卵石叠筑的暗沟，墙体夯土板筑，并有柱子加固。西厢出土了一千七百余片甲骨，据此推测这是一座宗庙遗址。这也是我国目前发现的最早、最完整的四合院建筑。

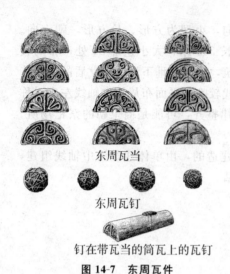

图14-7 东周瓦件

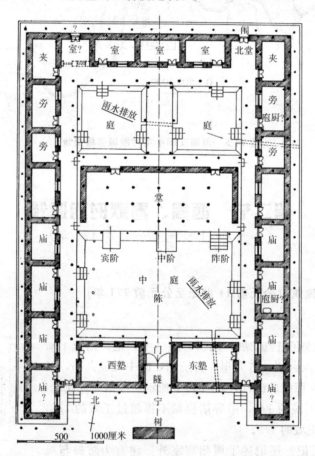

图14-8 陕西岐山凤雏村西周建筑遗址

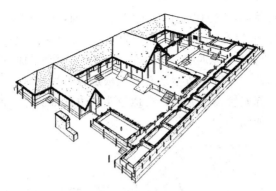

图 14-9　陕西岐山凤雏村西周建筑遗址

二、春秋时期建筑（公元前771年至公元前476年）

春秋时期由奴隶社会向封建社会转变，由于生产关系的改变，使生产力得到发展。著名的木匠公输般（鲁班）相传就是这时期的人，他具有相当高的技术，被后人称为"木工师祖"。

（一）城市建设

春秋时期一百多个诸侯国，由于经济发展，生产力的提高，城市人口不断增加，加之诸侯间的战争不断，筑城成为当时的重要的建筑活动。"夯土板筑"是当时筑城的方法。《考工记》所载，墙高与基宽相等，基宽为基高的2/3；"板"作为衡量门墙的尺度。据《左传》记载，当时已有专门官员"司徒"管理筑城工程。"使封人虑事，以授司徒。量功命日，分财用，平板榦，称畚筑，程土物，度有司……"

（二）建筑特点

根据清代张惠言《仪礼图》，可以看出当时士大夫的住宅平面图为（如图14-10所

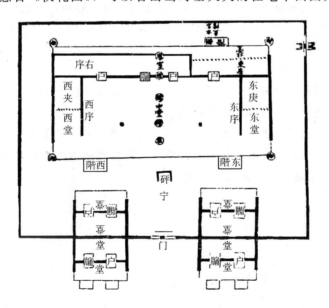

图 14-10　（清）张惠言《礼仪图》中的士大夫住宅图

示）：四周筑有封闭式的院墙，前面设宅门，宅门面阔三间，明间为门，左右次间为塾。院内只有一栋大的建筑，里面分为若干间，前面正中为堂，是生活起居或接待客人或举办各种典礼的地方，空间最大；堂的左右为东西厢，堂的后面为寝室。这种平面格局一直延续到汉代。

从出土的西周青铜器"令毁"造型来看，四根足像方形短柱，柱上置栌斗，在两柱之间，安装横枋，枋的上部安置两小方块，类似散斗。由此推测这一时期建筑上已使用一斗二升简单的斗栱构件（如图14-11所示）。

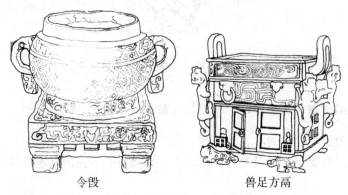

令毁　　　　　　　兽足方鬲

图 14-11　西周青铜器令毁、西周青铜器方鬲

从出土的西周青铜器"方鬲"造型可以看出当时建筑的房门为双扇板门，窗为十字棂格，房屋檐外有卧棂栏杆。文献记载这一时期已出现重屋。

这一时期瓦的使用已逐渐普遍，除板瓦、筒瓦、人字形断面脊瓦外，又出现了瓦当，瓦当的出现不仅完善了瓦的构件，而且也是建筑的一种装饰，瓦的表面上带有各种突出的花纹：卷云纹、涡纹、饕餮纹等。

这一时期建筑在色彩应用上已有了等级划分，《春秋谷梁传注疏》一书记载："礼楹，天子丹、诸侯黝垩、大夫苍、士黈"。此外当时建筑已有了彩画，《论语》一书记载"山节藻棁"，这里所说的"节"就是坐斗，"山节"是说坐斗上画山，"棁"就是瓜柱，"藻棁"是说瓜柱上画藻纹。

（三）高台建筑

这一时期我国出现了一种高台建筑，它是一种以高大土台为中心，并借助于它，所建起来的类似层层叠叠宫殿、楼阁的庞大建筑群。

当时的统治者、各诸侯国为了政治、军事上的需要，为了贪图享乐建造了大量的高台宫殿。此种建筑到春秋、两汉时期达到了高峰，而后慢慢减少，但一直延续到清代，北海公园的"团城"，就是这种高台建筑的遗风。

思考题

1. 商朝宫室的平面布局对后世有何影响？
2. 西周时期城市建设的基本模式怎样？
3. 春秋时期建筑的平面布局是什么样的？
4. 春秋时期出现一种什么样建筑形式？

第十五章
封建社会前期建筑
(公元前475年至公元589年)

---○ 本章提要 ○---

　　本章主要讲述的是封建社会初期建筑，这一时期封建社会政治、经济得到飞速发展，同样体现在城市建设、宫殿、陵墓等一系列的建筑上，可以说是我国建筑史上的一个高潮时期。木构架中的斗拱构件种类繁多，砖石结构与法券结构也有了相应的发展，城池、市肆、高台建筑、阙等各种建筑形式都已出现。阿房宫在历史上堪称空前；万里长城成为世界奇迹；魏晋南北朝时佛教建筑寺庙、佛塔、石窟等也得到了很大的发展。

第一节 战国时期建筑

（公元前475年至公元前221年）

一、城市建设

战国时期社会生产力进一步发展，生产关系的变革促进了经济的繁荣。铁工具的出现，斧、锯、凿、锥的使用，促使了建筑业的飞速发展。这一时期出现了一些大城市，如齐的临淄，赵的邯郸，楚的鄢郢，魏的大梁，都是当时政治、经济、文化的大城市。

二、宫殿

这一时期，高台建筑最为盛行。现今保存下来的高台遗址有：战国秦咸阳宫殿、燕下都老姆台、邯郸赵王城的丛台、山西侯马新田故城内的夯土台。咸阳市东郊一秦咸阳宫高台遗址，残留台高6米，长60米，宽45米，分上下两层（如图15-1所示）。台上建筑由殿堂、过厅、居室、浴室、回廊、仓库和地窖等组成。这是一组规模壮观、错落有致的建筑群。这是一种以夯土台为中心，周围用木构架，空间较小的屋宇包围，上下叠加两三层，组成的建筑群，这是当时解决大体量建筑的一种方法（如图15-2～图15-5所示）。

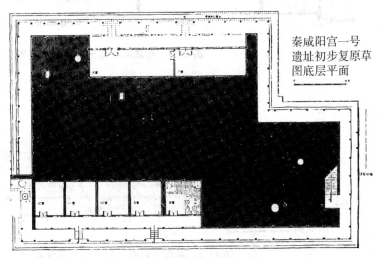

图 15-1 秦咸阳宫殿一层平面

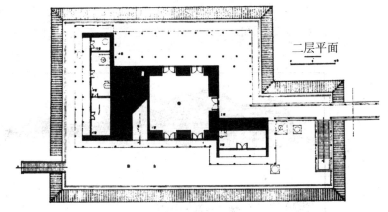

图 15-2 秦咸阳宫殿二层平面

中国古代建筑及历史演变

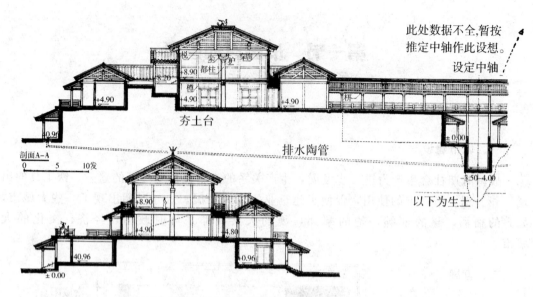

图 15-3　秦咸阳宫殿一号遗址剖面图

图 15-4　秦咸阳宫殿一号遗址西部复原南立面图

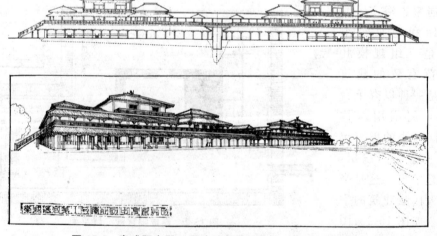

图 15-5　秦咸阳宫殿一号遗址复员总体南立面图及透视图

为什么这一时期高台建筑如此流行，笔者推测有四种因素：其一，春秋时140多个诸侯国战争兼并，你争我夺，到战国时仅剩齐、楚、燕、韩、赵、魏、秦七国，战争仍接连不断。为了防御敌人入侵，把宫殿建在高台上，便于瞭望与防守；其二，在高台上建宫殿，高大雄伟，气势磅礴，是地位、权势的象征；其三，古人崇拜上天，住在高台上，离天、离上帝更近一些；其四，以土台为中心，以小体量建筑层叠，形成大的建筑群，在当时材料、技术的局限下，是一种巧妙的解决途径。

三、陵墓

历史上的大小诸侯不仅生前生活穷奢极欲，死后也要厚葬，所谓"事死如事生"，因此陵墓建筑都特别讲究。陵墓分为地上与地下部分，地下部分为墓室。河南辉县固围村发现的三座战国墓，其中最大的墓穴深18米，平面长为9米，宽为8.4米，高4.15米，椁壁由大小木料交叉垒叠而成，厚1米，双层椁；地面上现残存台高15米，上下三层平台，这是地面上的享堂遗址。杨鸿勋先生依据河北省平山县出土的中山王陵及兆域图，复原出《据兆域图所绘制的原规划设计的总体鸟瞰图》，从图15-6中我们可以看到当时的陵墓规模及享堂的形象。

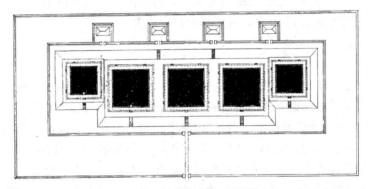

图 15-6　中山王陵墓复原图

陵墓地面上也是一种高台建筑，在具有明显收分的高台上，设有建筑基座，基座上第一层是单坡的回廊；回廊顶部是平台，四周设栏杆，栏杆往里是平台，平台往里又是第二层回廊，回廊顶部又是平台，平台四周设栏杆，栏杆往里为四周环廊的四阿式享堂，屋面有一阶跌落（如图15-7所示）。

图 15-7　中山王陵墓复原图

第二节 秦朝建筑
（公元前 221 年至公元前 207 年）

秦朝时我国建立了历史上第一个中央集权的封建大帝国。秦统一六国后，进行了一系列政治、经济、文化改革，统一货币、统一度量衡、统一文字，为抵御匈奴，修建了万里长城。为满足统治者穷奢极欲的生活，又集中全国人力、物力、财力与六国的技术，大兴土木工程，营建宫殿，取得了重大的建筑成就。

一、城市建设

秦都城咸阳，早在战国时已具规模，当时咸阳宫南临渭水，北至经水，宫馆阁道连绵 15 公里。秦始皇统一六国后，又进行大规模的城市建设，并改变了传统的封闭的城郭形制，沿渭水两岸营建许多宫殿。当时东至黄河，西至汧水，南至南山，北至九嵕，皆为秦都咸阳范围，并迁入富豪 12 万户，成为当时最大的都市。

二、宫殿

公元前 220 年，秦始皇在渭水南岸首建信宫，作为大朝，继而建甘泉宫，作为避暑功用。公元前 212 年，兴建更大的一组宫殿——朝宫，著名的阿房宫就是它的前殿。有关文献记载很多，《史记·蒙恬列传》记载："因地形，用制险塞，起临洮，至辽东，延袤万余里。"《史记·项羽本纪》记载："三十五年，……始皇以为咸阳人多，先王之宫廷小。……乃营作朝宫渭南上林苑中。先作前殿阿房，东西五百步，南北五十丈，上可坐万人，下可以建五丈旗。周驰为阁道，自殿下直抵南山，表南山之巅以为阙"；"咸阳之旁二百里内，宫观二百七十，复道甬道相连"等，阿房宫建筑在历史上堪称空前。

此外，秦始皇在渭水之南做上林苑，苑中建了很多离宫。在咸阳"作长池，引渭水，……筑土为蓬莱山"。开创了人工堆山造湖的先河。

三、陵墓

秦始皇陵位于陕西临潼骊山主峰北麓，是我国历史上规模最大、最雄伟、最壮观的陵墓。现陵墓残存遗址为三层方锥形夯土台，东西 345 米，南北 350 米，高 47 米。墓周有两重城垣，内垣周长 3000 米，外垣周长 6300 米。营建了近三十年，工程浩大。此陵夯土台上必有规模宏大的享堂，墓室尚未挖掘。但已发现大规模随其陪葬的兵马俑坑。其中最大的坑，东西长 230 米，南北长 62 米，深 5 米，出土兵马俑 6400 件之多，还出土了一些兵器，兵马俑的出土震撼了全世界。

四、长城

战国期间，诸侯之间战争频繁，齐、楚、燕、魏、秦各国各筑长城自卫，靠北部的燕、赵、秦，为防御匈奴入侵，又在北部修筑长城。秦统一六国后，又大筑长城，西起临洮东到辽东连为一个整体，全长两千多公里。长城所经地区、地形、地貌、地质不同，建材因地制宜，筑起了万里长城，创造了中外建筑史上的奇迹。

第三节 两汉、三国时期
（公元前 206 年至公元 280 年）

一、两汉时期（公元前 206 年至公元前 220 年）

公元 206 年刘邦建立西汉，汉代是我国封建社会上升时期，手工业、商业进一步发展，并开辟了中西贸易与文化交流的通道。汉代在建筑上也是一个繁荣发展时期，木构架建筑蓬勃发展，斗栱构件种类繁多，尚未定型，砖石结构与法券结构也有了发展，可以说是我国建筑史上又一个高潮时期。但到三国时，由于战争不断，经济遭破坏，建筑基本停滞不前，只有汉魏在城市建筑上有所成就。

（一）城市建设

汉代由于手工业、商业进一步发展，出现了很多新兴城市。如产盐的临邛、安邑，产漆器的广汉，产刺绣的襄邑；商业城市有雒阳、邯郸、江陵、合肥等。西汉都城长安，是当时中国政治、经济、文化中心，东汉东都雒阳、三国时期的邺城，都是当时具有相当规模的大城市。

1. 都城长安

长安位于渭水南岸的台地上，在秦离宫兴乐宫的基础上建造长乐宫，后陆续建未央宫、北宫（如图 15-8 所示）。

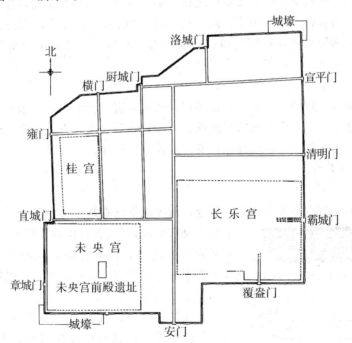

图 15-8　陕西西安市汉长安城遗址平面

汉长安城平面成不规则的形状，周回21.5公里，每面辟三门，共十二门。东垣北门为宣平门，中为清明门（籍田门，城东门），南为霸城门（青门）；南垣东为覆盎门（端门，杜门），中为安门（鼎路门），西为西安门；西垣南为章门（章城门，便门），中为直城门（龙楼门），北门为雍门（突门，西城门）；北垣西为横门，中为厨城门，东为洛城门（高门），城下有池周绕。

长安城内有九府、三庙、九市、八街、九陌和一百六十个闾里。城南还有十几座礼制建筑。

2. 东都雒阳

雒阳略近长方形，东西七里，南北十余里，洛河从中穿过。南宫位河南，北宫位河北。北宫正殿德阳殿，《后汉书·礼仪志》记载："周旋容万人。壁高二丈，皆文石作坛，激沼水于殿下，画屋朱梁，玉阶金柱，刻缕作宫掖之好，厕以青翡翠。一柱三带，韬以赤缇。——偃师去宫四十三里，望朱雀五阙，德阳其上，郁律与天连。"

但东汉雒阳与西汉长安比要逊色一筹。

（二）宫殿

长安城内宫殿，各自独立，诸宫散置，有长乐、未央、长信、明光、北宫、桂宫六处。

1. 长乐宫

长乐宫周回二十里，在长安城内东南部，其前殿东西四十九丈七尺，两序中三十五丈，深十二丈，除去两序，其修广略如今北京清宫太和殿。

2. 未央宫

未央宫周回二十八里，位长安城内之西南部。前殿，东西五十丈，深十五丈，高三十五丈，疏龙首山为殿台，不假板筑，高出长安城。"以木兰为棼橑，文杏为梁柱；金铺玉户，华榱壁珰；雕楹玉碣，重轩缕槛；青琐丹墀，左碱右平，黄金为壁带，间以和氏珍玉"。

3. 建章宫

位于长安城西，周回二十余里，是园囿性质的离宫，其前殿高过未央宫。有二十余丈高的凤阙，脊饰铜凤。宫内有数十里虎圈，有太液池与蓬莱、方丈、瀛洲三岛。

从以上三宫可以看出，西汉都城长安宫廷建筑之雄伟。

（三）汉代建筑特点

1. 基座

基座在中国建筑中是不可缺少的部分，两汉建筑已有基座（如图15-9所示）。文献中记载未央宫前殿，"疏龙首山以为殿台"；"重轩三阶"。川诸阙皆有阶基，四周并由短柱栌斗支撑。画像砖、画像石上的厅堂及阙，也有基座，并以短柱支撑阶面。

台基 山东两城山石刻

四川彭县画像砖

图15-9 基座

2. 柱、柱础

汉代柱有方形、八角形、委角方形、束柱形、凹棱形、圆形等。柱径与柱高比值小，下径与柱高比仅为二至六倍，显得粗壮庄重。柱础向上突起，有圆形、方形或方形上作覆盆（如图15-10所示）。

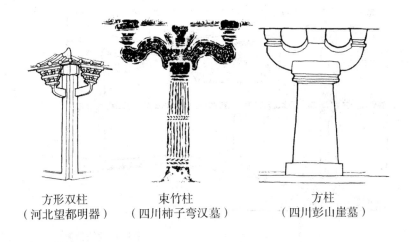

方形双柱	束竹柱	方柱
（河北望都明器）	（四川柿子弯汉墓）	（四川彭山崖墓）

八角柱	圆柱	八角柱
（山东沂南古画像石墓）	（山东安丘汉墓）	（山东沂南古画像石墓）

图 15-10　柱与柱础

3. 墙垣

汉代墙垣以夯土板筑为主，为使墙体加固，往往辅以木制壁带，壁带上往往饰以"铜釭"，借以加固、装饰（如图 15-11、图 15-12 所示）。

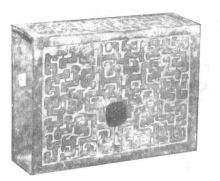

图 15-11　铜釭

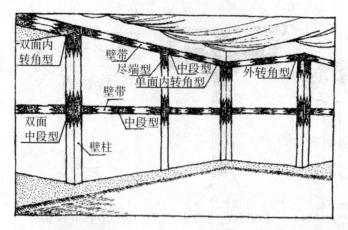

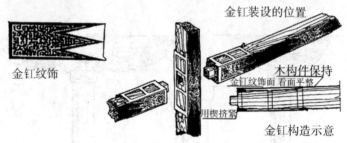

图 15-12 铜釭

4. 斗栱

汉代斗栱尚未定型，形制多样，正处于发展变化中。早期以平叠栱居多（如图 15-13 所示）。它在栌斗上用短横棍承散斗，层层叠加而成。有一斗二升、一斗三升、还有将两种栱相加使用。此三种斗栱，斗多为平盘，不开槽口。后改为大斗开槽的一斗二升栾式栱。有的两升距离较长，中间设蜀柱。还有挑栱、插栱、重栱、交手栱、人字栱等。从出土的实物和画像砖、画像石上的斗栱形象来看，还没有后世的角栱，汉代房屋转角处多用插栱代替。河北望都东汉墓出土的陶楼，转角处立两根柱，每根柱的正面安插栱，用以转角承檐。

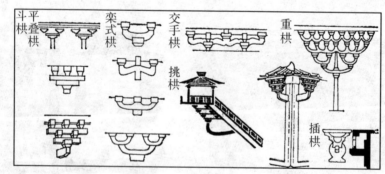

图 15-13 汉代斗栱样式

5. 梁架

汉代木架结构基本形成，有穿斗结构、抬梁结构、干栏结构、井干结构，川康朱鲔墓一块残石上刻有叉手，叉手之上刻两斗，所以当时还有大叉手结构（如图 15-14、图 15-

15所示）。

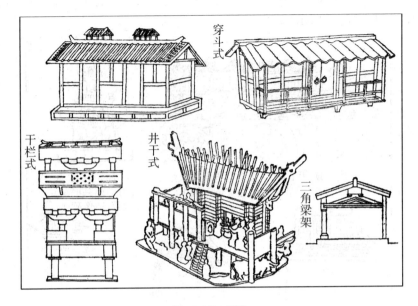

图 15-14 梁架

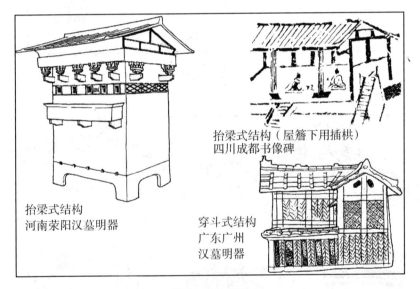

图 15-15 梁架

6. 屋面及脊饰

（1）汉代屋面有以下几种形式：悬山、显山、庑殿（四阿式）、攒尖、囤顶、录顶等。最常见的是悬山和庑殿，一般居民住宅用悬山，宫殿使庑殿式。但庑殿与现在不同的是，屋面常作一次跌落，类似后世的小重檐。当时屋面一般没有反宇，屋面基本是直线。显山也与后世不同，它是由中央的悬山顶和周围的单坡顶组合而成（如图 15-16、图 15-17 所示）。

（2）屋脊

屋脊的作用起初只是覆盖两坡相交的接缝，防止雨水侵蚀，到汉代开始注意它的装饰作用，脊的两端向上跷起，有时顶端装以瓦当做装饰，有的正脊中间饰以朱雀，尚未形成雉尾（如图 15-16、15-17 所示）。

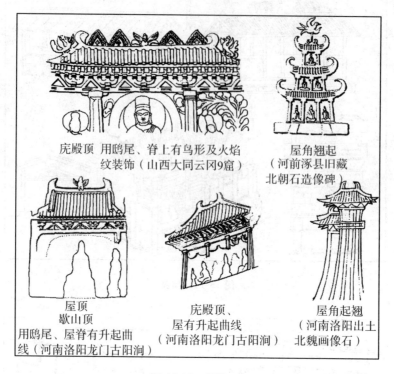

图 15-16　脊饰一

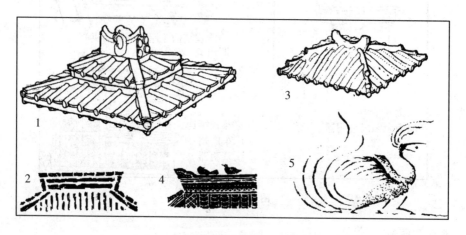

图 15-17　脊饰二

7. 砖瓦

砖的起初功能，一是铺地面，二是修造墓室。制砖技术到汉代有较大的发展，一种是空心砖，常用于墓室，另一种是条砖和方砖，条砖一般为素面，即使有花纹只在砖的侧面，条砖在汉代已广泛得到应用。方砖常模印细密的几何纹，如回纹、四瓣纹、菱纹及小乳丁等，图案纷繁。还有一种画像砖常模印一些突起的图案，如青龙、白虎、朱雀、玄武动物图案，或人物图案等，常见于墓室（如图15-19所示）。

瓦在汉代已广泛使用，一是筒瓦，一是板瓦。瓦当有半瓦当和圆瓦当。瓦当常模印各种花纹，如几何纹、动物纹和文字纹三大类（如图15-18、图15-19所示）。

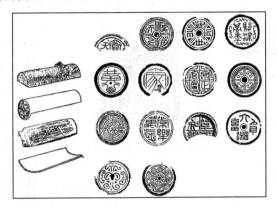

图 15-18　汉代瓦及瓦当

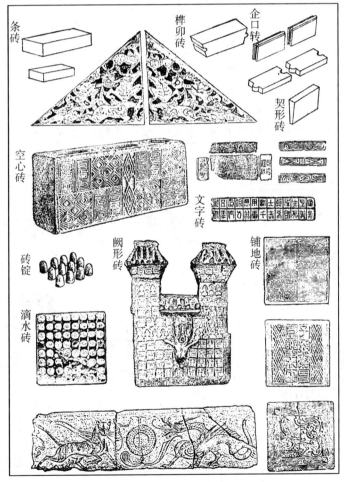

图 15-19　汉代砖样式

8. 门窗

(1) 汉代板门居多、有单扇、双扇,还有带轮子的推拉门。门楣上装有门簪,门中部装有铺首衔环(如图 15-20 所示)。

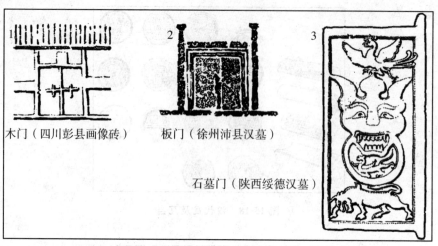

图 15-20 门

(2) 汉代的窗有的只是空洞,只起通气作用,"窗,通孔也"。附于墙外是当时的一种作法。日本的一些古建筑窗子,常见此种做法。由于当时没有纸,冬天寒冷,在窗内常装用木板窗,用于御寒(如图 15-21 所示)。

一般窗为直棂窗、格子棂窗、琐文窗等。

(3) 栏杆。栏杆一般用于楼房平座、楼梯,汉代栏杆以卧棂栏杆为主,图 15-21 中,栏杆样式别致,左右分三部分,中间棱纹,左右对称卧棂纹。

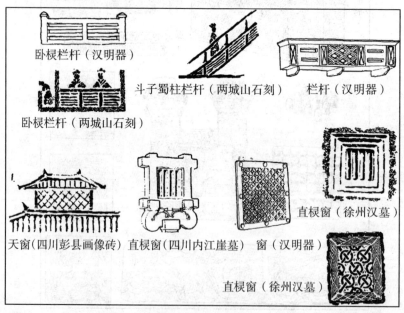

图 15-21 窗、栏杆

9. 院落

院落，前面我们已讲过，至今发现最早的院落是西周时期陕西岐山凤雏村的四合院遗址。我们从汉代出土的汉冥器中、墓室壁画中、汉画像砖、汉画像石中可以看到，院落已成为汉代人生活、居住的主要建筑形式，也是当时政治、经济、军事、文化、宗教等社会各个领域建筑的基本形式。

院落是由不同方向的不同建筑加院墙和院门组成，可以是一个方向的一栋房、可以是不同方向的两栋房、也可以是三个方向的三栋房、四个方向的四栋房组成，只要形成一个封闭的大空间，并有出入的门道，就形成一个院落。

汉代的院落形式多种多样，有大有小，有平房也有楼房，下面介绍几座院落：

（1）如图 15-22 所示是一个小型的院落，由相对的两栋房和一堵墙一座院门组成。

图 15-22 小型院落

（2）如图 15-23 所示也是一小型院落，由两个方向的各一栋房和院墙组成。

（3）如图 15-24、图 15-25 所示是一座上层社会的府邸，院落分两部分，主院和跨院。假如把大门朝向定位面南，那么主院是由北面的一栋三层楼房、西面的一栋三层楼房、东面的一栋房、院墙与南面的门房及院墙组成；跨院由东房、北房、和南房组成。

图 15-23 小型曲尺院落

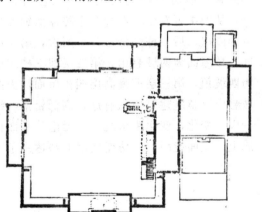

图 15-24 主、跨院平面图

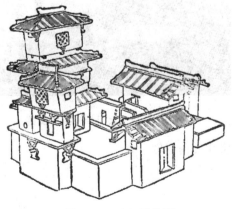

图 15-25 主、跨院图

（4）如图 15-26、图 15-27 所示是一座较大型院落，三进院。迎院门一排楼房，正中为主，两端是四层望楼；二进院进深大，正面楼房分三部分，正中高大，二楼设有平座，左右对称，矮小；左右配楼各五间；三进院只有后罩房一栋。整座建筑布局考究，院落有大有小，楼房有主有从，功能各有所司，反映出墓主人生前的富有与高贵。

图 15-26　楼房三进院正面

图 15-27　楼房三进院侧面

图 15-28　大门带阙楼房院落

（5）如图 15-28 所示院落比较简单，只有一进，也没有东西配楼或配房，但大门左右建有单阙，门房檐下由插栱支撑；楼房五层，一二层面阔、进深相同，面阔四间，二层设有平座；三楼面阔两大间，四楼、五楼间量缩小。四楼转角处檐下已有角柱科斗栱，说明当时斗栱已较成熟，被广泛应用。

（6）如图 15-29 所示是一座很别致的楼房院落，它由前后两栋楼房及左右墙或廊组成，院落左前方还建有一间四阿式的小屋，像似守卫使用的岗楼；前排是一栋三间二层楼房，屋面四阿式，左右还各带有一间悬空小阁楼；前后两楼间的院落分为左右两部分，从图中可看出，右边一小院像似饲养牲畜的圈房，后一栋高低分三个层次，第一层即二楼屋面为两坡悬山，第二层即三楼屋面为四坡顶，第三层即最高层四楼屋面，为两坡悬山，整座建筑主从有序，高低错落，统一中有变化，变化中求统一，无论从平面构成上、立面造型上、功能使用上都达到了非常完美的程度。

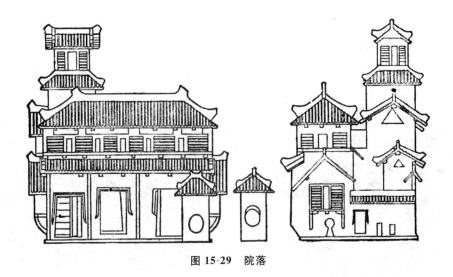

图 15-29　院落

（7）如图 15-30 所示是一座吕字形的二进院，由平行的三栋房与左右廊庑组合而成，中间一栋房的明间设门，做穿堂，与后院相通。

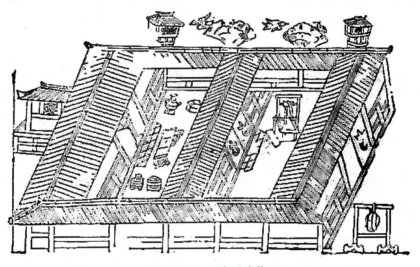

图 15-30　吕字形院落

（8）以上只是汉代一般的宅院样式，从图 15-31 我们可以看到一个由很多院落组成的庞大院落，院的右后方建有一座五六层高的望楼，顶层屋面为四阿式，四柱间无墙体，由栏杆合围，内安放战鼓一个，一展长条旗随风飘扬，这是一座上层社会的府邸。

（四）几种特殊功能的建筑

1. 城

汉代的城，城墙都是夯土板筑而成，有城门、城楼和角楼，城墙外壁有突出的敌台，即马面，城外有十米左右的壕沟，城上筑有女墙和雉堞。内蒙古发现的西汉保尔浩特古城已有瓮城，后世城的所有设施这时已基本具备（如图 15-32 所示）。

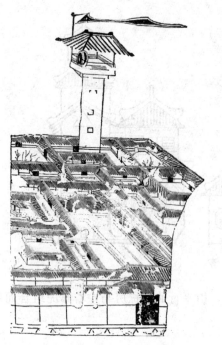

图 15-31 多重院组成的庞大院落

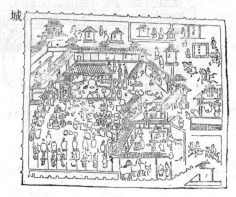

图 15-32 城

2. 关

城市筑城设防，国与国交界处设关。《周礼·地官·序官》记载"关，界上之门"；除边界外，其他要冲之地也设关，借以防御。汉代最有名的关为函谷关，位于河南灵县北，弘农河西岸，地势险要，为都城长安的门户。河南出土的画像石有当时"咸谷关东门"形象，此关有两门，各有四层焦楼，顶上饰以朱雀，其下两层各有围栏、平座（如图15-33所示）。

3. 坞

坞是一种小城堡，凡是当时豪强贵族的大宅院，往往在高墙大院的四角，各建一座数层高的敌楼，驻守卫士看守。相传当时的董卓的郿坞为坞中之首。《后汉书·董卓传》记载："郿坞高厚七丈，号曰万岁坞，积谷为三十年储。"《三国志·魏志·董卓传》记载："郿坞高与长安城埒。"长安城高十二米，可见郿坞规模之雄伟。

如图15-34所示，封闭的院落，围墙高筑，院落四角各建一座高高的四角攒尖碉楼，门边有卫士持械守卫。

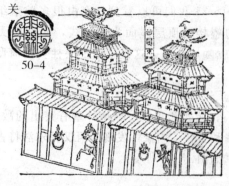

图 15-33 函谷关

图 15-34 坞

4. 阙

汉代有一种含义很深的特殊建筑类型，谓之"阙"（像魏、观、皇）。阙的作用有以下几方面：其一，宫门前建阙，提醒百官反省缺点、错误。古书《崔豹·古今注》记载："阙，观也，古者每门树两观于前，所以标表宫门也。"其上可居，登之可远观，人臣将朝于此，则思其所阙，故谓之阙。其二，等级高低的象征。古书《白虎通义》记载："门必有阙者何？阙者，所以饰门，别尊卑也。"其三，颁布政令于其上。阙常设于城门、宫门之外，是交通必经之路，政府一些布告常贴于上，以告世人。"周官太宰以正月示治法于象魏（阙、观、皇）"。其四，登高远望，阙是一种高台建筑，可登临瞭望。古书《释名·阙》："阙也，在门两旁，中央阙然为道也，观，观也，于上观望也。"

阙常设于宫门外，城门外，上层社会宅门外。古人有"侍事如事生"的习俗，所以墓地也常建有石阙。

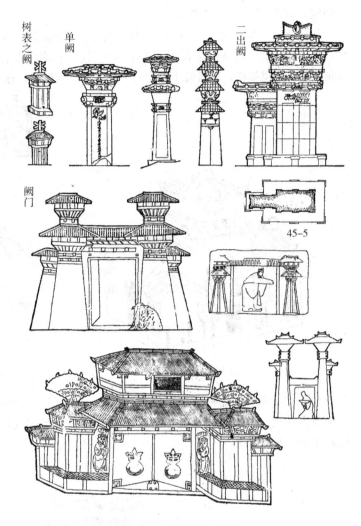

图 15-35 子母阙与单阙

阙的使用有严格规定，汉阙分三个等级，皇帝使三阙，诸侯、两千担以上使子母阙（阙的体量一大一小），一般官员使单阙。阙往往左右成双使用（如图 15-35 所示）。

5. 楼

汉代楼房建筑很普遍，往往采用井干式，用大木垒叠而成（如图 15-36 所示）。《汉书·郊祀记》说："立明台井干楼高五十丈。"颜注："井干积木而高，为楼若井之形也。井干者井上木栏也，其形或四角或八角。"从出土的陶楼或画像砖、画像石上的楼房形象来看，当时的楼有两种形式，一种作为居住的楼房，另一种是当时特有的一种楼，称作"望楼"，作为瞭望、防守之用。这种楼一般较高，面积小，层数多，有的高达四、五层，并在屋檐与平坐下使用斗栱作挑撑之用。多数楼房高度采用层层收缩、降低的手法，旨在使整个建筑物得以稳固，此种手法一直延续到后世。

以下介绍三种不同类型的楼房。

这是一座四合院，门房、东西厢房与正房，正房中间为重檐楼房，左右平房；后面还有圈棚。高低错落，主从有序。

如图15-37所示是一座比较大的楼房院落，分前后两个院落，前院墙垣正中是三层楼房，底层为门庭；院落前左右两角建有三层望楼；前院又分中路与左右跨院三部分；后院左右两角也建有三层望楼，前后院正中建有一座五层高的楼房，而且四座望楼相互之间有桥相通。

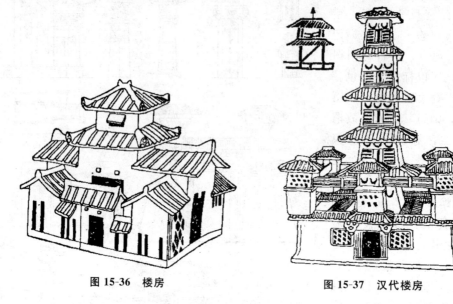

图 15-36　楼房　　　　　　　图 15-37　汉代楼房

如图15-38所示是一座规模较大的楼房，共七层，四阿式。一层三柱两间，柱粗壮，柱顶着实拍栱，栱顶着阑额。第二层，廊柱四根，面阔五间，自第四层始，面阔与进深层层往里收，形成塔形。

图 15-38　汉代楼房

如图15-39所示下面是三座望楼图，两座为四层，一座为三层。每层都有平座，檐部转角由两个方向的插栱支撑。

 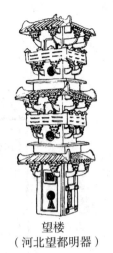 

望楼
（山东高唐汉代明器）　　望楼
（河北望都明器）　　望楼
（河南陕县汉代明器）

图 15-39　望楼

6. 市

汉代长安市场集中，共分布九市，市场多建重楼，"列楼为道"。市场上按货物分类摆放列肆中交易。市中设有市楼，并置官吏管理。市楼悬鼓，早晚击鼓开市、闭市。这种同类货物集中为市的商业模式一直延续到清代，北京至今的胡同名称还有：骡马市、花市、菜市口、珠市口等，就是当时的货物市场的名称（如图 15-40 所示）。

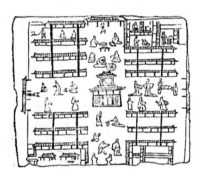

图 15-40　市

7. 高台建筑

从战国到西汉高台建筑最为流行，东汉以后此风渐渐衰退。现河北邯郸还保存一座"丛台"，但台上建筑是后世改建的。高台建筑，它是以高大的夯土台为根基和依托，木构架紧密依附夯土台而形成土木混合的结构建筑群体。在赵国邯郸、齐国临淄、燕国下都的故城遗址，都曾发现过大型夯土台（如图 15-41 所示）。西汉长安城未央宫前殿基址，最高处达 15 米以上。西安西郊大土门村发现了公元 4 年所建的"明堂辟雍"遗址，根据遗址，建筑考古专家画出了复原图（如图 15-42 所示）。这是一座方形院落，四面围墙各长 235 米。每面墙正中辟一门，此门由两层楼组成，每层分左中右三大部分，每部分为三间，中间部分也是三间，明间面阔大，为门道，左右两间面阔小，筑墙。一层与二层之间有腰檐，腰檐之上设平座。二层平面与一层完全相同，只是左右三间屋面高出中间三间屋面，使造型上产生高低错落，大小相间的节奏变化；四隅有曲尺形配房；院中间有圆形土台，残高三十多厘米，直径 62 米。台正中有亚字形的夯土台基，现存最高处为 3.2 米。台基四面均有墙、柱遗迹，整个中心建筑南北长 42 米，东西长 42.4 米，基本呈方形，南北对称，东西对称。

我国古建筑学家王世仁先生，根据遗址将明堂辟雍复原成三层。他认为第一层，顶部是个大平台，四周各伸出前后左右对称的敞厅；第二层也是个平台，四角突出正方形的夯土台，上筑四个角亭（角室），台的前后，依靠台壁各建一座厅堂；第三层是台中心的四阿式方形建筑，屋面有一阶跌落。而建筑史学家杨鸿勋先生将明堂辟雍复原为两层，正中大夯土台的四周，依靠台壁各建进深两间，前为堂、个（夹）后为室、房（旁）的单坡建筑；第二层，是一座外圆内方的双层建筑，外层顶部有一阶跌落，上段是八角形，下段是圆形（如图15-43所示）。

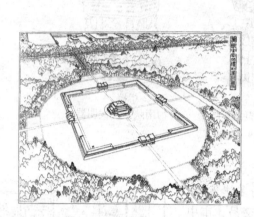

图15-41 汉长安南郊礼制建筑

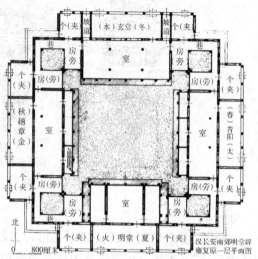

图15-42 陕西西安市汉长安南郊礼制建筑遗址平面实测图

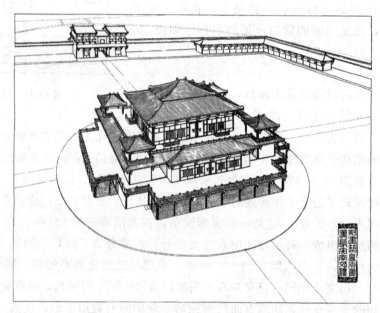

图15-43 汉长安南郊礼制建筑总体复原图

图15-43、图15-44、图15-45是两位专家根据遗址所复原的明堂辟雍图，虽两者复原出的形象，在平面布局上、结构上、外观上有较大的出入，但都反映出，这是一座高台建筑，不是实际意义上的多层楼阁，而是依靠土台由一层层单体建筑组合而成的貌似多层楼阁的建筑。

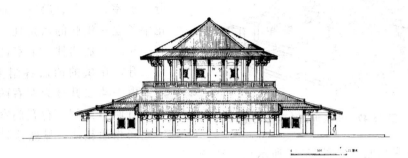

图15-44　汉长安南郊礼制建筑复原图

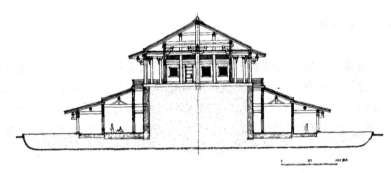

图15-45　汉长安南郊礼制建筑剖面复原图

现今河北省邯郸市的丛台为战国时赵国的丛台，但台上建筑为后世修建。北京北海公园的团城为高台建筑的遗风，原为太液池中的一个小岛，为金代大宁宫的一部分，城高4.6米，周长275米，现今团城为公元1746年扩建（如图15-46所示）。

（五）陵墓

陵墓，西汉初期承袭秦制，累方锥形土台，其上应有享堂建筑，四周筑城墙，神道两侧排列石羊、石虎与戴翼石狮，

图15-46　北京北海公园团城（高台建筑遗风）

最外建有仿木质石阙。地下墓室初期仍为木椁墓"题凑之室"（黄肠题凑），即墓室内加一层以顶端向内的柏木枋累成的木壁，梓棺停放在黄肠题凑内。至东汉时期除木构的墓室

外，更多的是砖墓，券顶或穹窿顶。有的整座墓室就像地面上的大宅院，有前、中、后三室，如同厅、堂、室。陵墓享堂，每日要献食上供。

山东沂南北寨村出土的汉墓石料构造，规模宏大，平面中轴线上分左右两个大门，门的两边于上额，雕有精美图案；墓室分为前室、主室、后室，前室与主室正中各立一粗壮的六角柱，前室柱顶着一斗二升加蜀柱，主室柱头顶着一斗二升，在栱的前后各附龙头雕饰，后室由一斗二升分为左右两部分；主室左有侧室三间，右有侧室两间。各室之间相通相连，显然这是生活中木

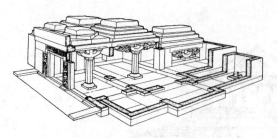

图 15-47　山东沂南古画像石墓

构建筑的一种仿制（如图 15-47 所示）。

二、三国时期（公元 220 年至公元 280 年）

以魏国城市建设为例。

1. 邺城

从汉末到三国这一时期，在建筑上没有大的创新和发展，基本上继承汉代的成就。如果说这一时期的建筑上还有一些成就的话，那就是曹操于公元 216 年所建的邺城与魏文帝营建的洛阳（如图 15-48 所示）。邺城位于河北邯郸临漳县，北临漳水，平面为长方形，东西长约 3000 米，南北宽约 2160 米，以东西大道将全城分为南北两区，北部为宫廷、官署、园囿地域，南部为百姓民居，官民界限分明。

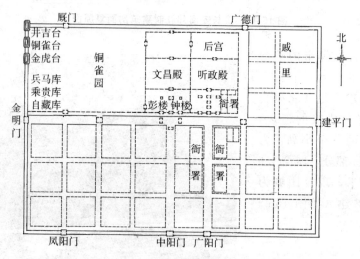

图 15-48　三国时期魏邺城平面图

汉末，曹操居邺城，营宫室，筑三台，文献记载："于邺城西北隅，因城为基。铜雀台高十丈，有屋一百二十间，周围弥覆其上；金凤台有屋百三十间；冰井台有屋百四十五间，有冰室三与凉殿。三台崇举其高若山，与法殿皆阁道相连。"

2. 雒阳宫

魏文帝自邺迁都洛阳，初居北宫，开始建殿朝群臣。后来明帝又营造宫殿。《三国志·魏志·明帝纪注引魏略》记载：（明帝）"起昭阳、太极殿，筑总章观……"，"高十余丈，建翔凤于其上。又于芳林园中起陂池，……通引谷水，过九龙殿前，为玉井绮栏，蟾蜍含受，神龙吐珠……"。又治许昌宫，起景福承光殿。工程之宏，为三国之最。

三国时期除上述魏国的邺城、洛阳营造宫殿外，吴国与蜀国没有太大的宫殿土木，吴国之都建业，至孙皓时，方营建昭明宫。蜀国基本没有像样的宫殿工程，人力、物力、财力基本用于军事，"起传舍，筑亭障，自成都至白水关四百余区，殆尽力于军事国防之建筑也"。

三、两晋、南北朝时期（公元 280 年至公元 589 年）

公元 280 年西晋灭了吴，没多久，战争又起，西晋瓦解。在西晋灭亡的第二年，东晋在南方建立，而北方形成十六国。公元 420 年宋灭东晋，开始形成南部的宋、齐、梁、陈与北方的北魏、东魏、西魏、北齐与北周对峙的南北朝时期。这一时期由于连绵战争，北方经济遭到严重破坏，建筑上没有什么发展、革新。但由于佛教的传入，出现了大量的佛教文化建筑类型，如佛寺、佛塔、石窟等。

（一）城市建设

魏晋南北朝至后赵石虎时期，石虎迁都到邺城后，又"起台观四十余所，营长安、洛阳二宫"，"凤阳门高二十五丈，上六层，反宇向阳，……未到邺城七八里可遥望此门"。

《邺中记》记载，石虎又在曹操"三台"的基础上加以修建和装饰："甚于初魏，于铜雀台上起五层楼阁，去地三百七十尺，……作铜雀楼颠。高一丈五尺，舒翼若飞。南则金凤台，置金凤于台颠。……北则冰井台，上有冰室"，"三台相面，各有正殿"，并殿屋百余间，"三台皆砖甃；相去各六十步，上作阁道如浮桥，连之以金屈成，画以云气龙虎之势。施则三台相通，废则中央悬绝"。

从以上记载看出，当时的三台比曹魏时的三台规模更宏大，装饰更豪华；这种高台建筑具有一定的防御功能，平时三台相通，战时若一台失守，阁道可从中央悬绝，类似后世可开启的铁桥。可见当时的造桥技术和机械设备已非常发达、先进了。

（二）佛教建筑

汉末，佛教寺庙、佛塔建筑兴起。《后汉书·陶谦传》记载，"大起浮屠。上累金盘，下为重楼，又堂阁周回，可容三千许人。作黄金涂像，衣以锦彩"。至魏晋南北朝时，寺庙佛塔得到了很大的发展。北魏洛阳内外，就有寺庙一千多所，南朝建康一地，庙宇就有 500 余处。

1. 寺庙、佛塔

佛塔，是佛教建筑中重要组成部分。释迦牟尼涅槃后，其弟子将其遗体火化，形成舍利，舍利被众弟子分葬在各地，梵语称作"窣堵坡"，即埋葬佛骨的坟墓建筑，也称"舍利塔"。佛教传入中国，窣堵坡也传入中国，译名"塔"，并与中国原有的多层木构楼阁相结合，慢慢发展演变成具中国特色的各类造型的塔（如图 15-49 所示）。

洛阳的永宁寺是当时的最大佛寺，有佛殿一所，僧房楼观一千余间，院墙四面各开一门，南门、东门、西门门楼三重，门外有四力士、四狮子，唯北门为乌

图 15-49　释迦牟尼窣堵坡

头门，规模宏大壮观。

永宁寺塔位于佛殿南，是当时最大的一座木构塔，平面方形，九层。《洛阳伽蓝记》中记载"举高九十丈，有刹覆高十丈，合去地一千尺……刹上有金宝瓶……宝瓶下有承露金盘三十重，周匝皆垂金铎，复有铁锁四道，引刹向浮屠四角……有四面，面有三户六窗。户皆朱漆，扉上有五行金钉……复有金环铺首……"。

当时木塔鼎盛，但至今无一保存。现尚保存有北魏时建造的河南登封嵩岳寺砖塔，这是我国保存下来的最早古砖塔。该塔平面为十二边形，塔身以上叠涩出檐十五层，顶上安装砖刹，相轮七层，高40米。塔基平素无饰，塔身各角立一柱，柱头饰垂莲，东西南北每面砌圆券门，其余八面各砌出一个墓塔形佛龛（如图15-50、图15-51所示）。

当时庙宇中殿堂与佛塔平面布局的方式有两种，一是以佛塔为主，佛塔占主位，殿堂占付位，二是以殿堂为主，殿堂占主位，佛塔占副位。

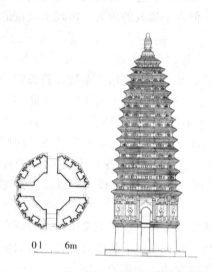

图 15-50　河南登封嵩岳寺塔

图 15-51　河南登封嵩岳寺塔

2. 石窟寺

石窟寺是佛教建筑的一种重要形式之一，它是人工在山崖峭壁上凿出来的洞窟形的一种佛寺建筑。石窟寺的概念来源于印度，起初虽然吸收了印度的塔柱，但在建筑上，仍具有中国传统的建筑风格。南北朝时，凿崖造寺蔚然成风，北至辽宁，南至浙江，东至山东，西至新疆遍及全国。著名的有山西大同云冈石窟、山西太原天云山石窟、甘肃敦煌石窟、洛阳龙门石窟、甘肃天水麦积山石窟等。从石窟艺术中我们可以了解当时的建筑艺术和民俗诸多情况。

（1）山西大同云冈石窟。

大同云冈石窟位于大同西16公里处，是我国最大的石窟群之一，始建于公元453年，有窟四十多个，大小佛像十万余尊（如图15-52所示）。16至20五大石窟，为早期作品，其特点平面是椭圆形的大山洞，似穹隆顶，其前设门，门上有窗，后壁中央雕大佛一尊，其左右侍立助侍菩萨，左右壁雕有许多小佛像。洞顶及壁面没有建筑处理，少数洞外有木构殿廊。

晚期石窟平面多为方形，窟中央以一巨大中心柱支撑洞顶，柱身往往雕有佛像或塔的形式；洞顶或穹窿形，或复斗形，或方形，或方形平棊。此类窟壁面雕刻除佛像外，还有佛教故事及建筑、装饰花纹等，精美绝伦（如图15-53所示）。

图15-52　山西大同云冈石窟外观

图15-53　山西大同云冈石窟20窟佛像

（2）山西太原天龙山石窟。

天龙山石窟位于太原西南15公里处，有13个窟始建于北齐（如图15-54所示）。

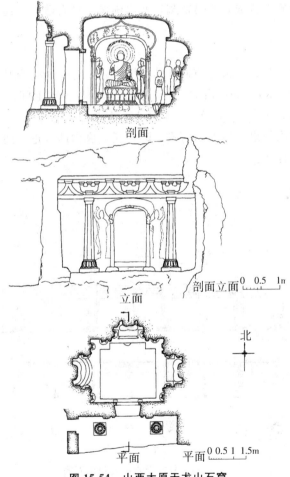
图15-54　山西太原天龙山石窟

图 15-55　山西太原天龙山石窟

第 16 窟是这一时期的最后作品，完成于 560 年，第 16 窟洞面阔三间，洞前有廊，中间两柱为八角形，有明显收分，柱础刻有复莲，柱顶端安装栌斗，栌斗顶着阑额，阑额上是一斗三升与人字栱。这些仿木结构的石料构件造型、结构、尺度、比例关系做得十分到位。它已成为仿木结构石质的佛寺殿堂（如图 15-55 所示）。

（3）甘肃敦煌石窟。

敦煌石窟位于敦煌市东南的鸣沙山东端，始凿于公元 353 年（东晋永和九年）。敦煌石窟保存了自北魏、隋代、唐代、五代、北宋、西夏、元代至清代各历史时期的石窟，成为一个历史博物馆。

北魏各窟平面多为方形；规模大者，分为前后两室；有的中央设一巨大的中心柱，柱上或雕佛像，或雕成塔的形式；窟顶做成或复斗形，或穹窿形，或方形，或方形平棊。敦煌石窟由于鸣沙山由砾石构成，不易雕刻，所以佛像不是石雕的，而是用泥塑与壁画来体现的。

（4）麦积山石窟。

麦积山石窟始凿于公元 6 世纪前期。其中第 4 窟，对于研究当时古建筑具有重要的参考价值（如图 15-56 所示）。此窟俗称"上七佛阁"，前廊面阔七间，长 31.5 米，廊深约 4 米；八角形柱，柱高 8.87 米，下径大，上径小，有明显收分。柱顶上安装栌斗，栌斗承着檐额，梁头自斗口内伸出。屋面四阿式，雕有瓦、椽构件，正脊两端饰以鸱尾，忠实地反映了当时木构建筑样式。

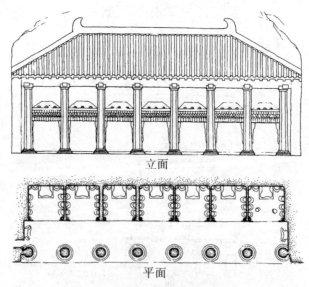

图 15-56　甘肃天水县麦积山石窟

(三)魏、晋、南北朝时期建筑特点

1. 基座

南北朝建筑实物已无从考察,从云冈石窟的浮雕塔、殿来看,建筑均有基座,基座或平素,或作须弥座,平素基座多附有短柱;束腰较之明清时高许多,枋与枭较之明清矮许多。有的座上有栏杆,正面中央有踏垛(如图15-57所示)。

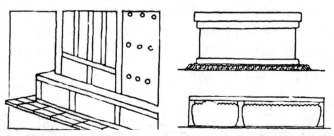

台基和砖铺铺散是水　　　上、须弥座(甘肃敦煌莫高窟428窟佛座)
(河南洛阳出土北魏宁 石窟)　　下、壶门(河北磁县南音堂山6窟佛座)

图 15-57　基座样式

2. 柱和柱础

从北魏及北齐石窟建筑中的石柱来看,柱的截面方柱、八角形居多,也有梭柱,有的柱身有明显收分,上径小,下径大。柱头之上施栌斗以承阑额及斗栱。柱身、柱础及栌斗总高约为底径的5倍至7倍。柱础有莲花式、覆盆式,还有坐兽式。有的柱造型受外来文化影响,其中有一例印度式柱,柱脚以忍冬草或莲瓣包饰四角,柱头或施斗,如须弥座形,或饰以覆莲,柱身中段束以覆盆莲花。另一例,柱头为两卷耳,无疑受希腊爱奥尼克柱式影响(如图15-58所示)。

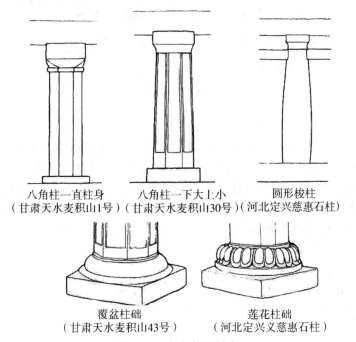

八角柱—直柱身　　　八角柱—下大上小　　　圆形梭柱
(甘肃天水麦积山1号)　(甘肃天水麦积山30号)　(河北定兴慈惠石柱)

覆盆柱础　　　　　　莲花柱础
(甘肃天水麦积山43号)　(河北定兴义慈惠石柱)

图 15-58　柱与柱础样式

河北定兴县一纪念性石柱，建于公元569年（北齐天统五年），菱形柱，柱截面为八角形，具有明显的卷杀，柱径最大处约在柱高的1/3处，自此点起，上下各渐渐缩小，约至柱高一半之处，其径又与底径相同。此柱式日本奈良法龙寺中门柱则为此种做法，国内少见。柱础有覆盆和莲瓣两种形式。

3. 梁架

这一时期建筑木构架已无实物可考，但从敦煌壁画中可知其概况。梁架上往往用人字叉手承载脊檩（脊桁），人字形叉手结构有的中间加蜀柱，有的加水平横木加固人字架，防止左右脱离。从甘肃天水麦积山5窟中可以看到，当时柱头科斗口承载着类似后世的桃尖梁，补间铺作使人字栱（如图15-59所示）。

人字叉手加蜀柱
河南洛阳出土北魏宁　楙石室

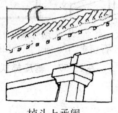

栌斗上承阑
额额上承梁
（甘肃麦积山30号墓）

直棂和勾片
栏杆间用
甘肃敦煌莫高窟257窟

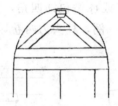

人字叉手
江苏南京西善桥六朝墓

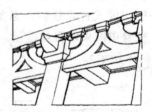

栌斗上承梁尖
甘肃天水麦积山5窟

图 15-59　梁架结构

4. 斗栱

斗栱有柱头科、平身科，角柱科这时也已出现，此前无先例。柱头科多为一斗三升，汉代时期栱中心的小块，已演变为齐心斗（正心瓜栱栱心上的小斗），平身科以人字栱具多。转角处出角华栱（翘），即后世角柱科。斗栱和柱之间的关系：柱顶上安装栌斗，栌斗上使额，额上使斗栱，栌斗除承载斗栱外，还承载内部的梁，斗栱有单栱也有双栱，在柱头上亦有栌斗两层相叠之例（如图15-60所示）。

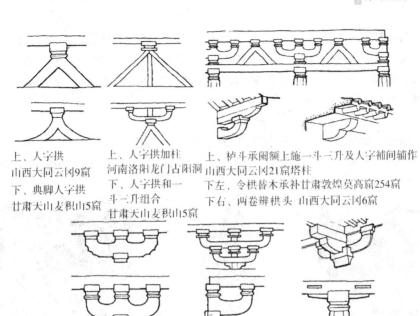

图 15-60 斗栱样式

5. 屋面及瓦饰

（1）屋面以四阿式、悬山式居多，显山式、勾连搭式屋顶也已出现。云冈石窟壁浮雕中，屋顶还有硬山式、攒尖式。椽只有檐椽一层，尚未发现飞椽。翼角除不起翘外，虽未发现角梁，但壁画中已出现翼角起翘图例，并且有了举折，使体量巨大的屋面显得轻盈活泼（如图 15-61 所示）。

庑殿顶 用鸱尾、齐上有鸟形及火焰纹装饰
（山西大同云冈9窟）

屋角翘起
（河北涿县旧藏北朝石造像碑）

屋顶 歇山顶 用鸱尾、屋脊有升起典线
（河南洛阳龙门古阳洞）

庑殿顶、屋脊有升起曲线
（河南洛阳龙门古阳洞）

屋角起翘
（河南洛阳出土北魏画像石）

图 15-61 屋面、脊饰

(2) 屋面瓦件有筒瓦、板瓦，北魏时平成宫殿开始使用琉璃瓦，至北齐时，少数宫殿使用黄、绿琉璃瓦。一般屋脊用瓦叠砌而成，正脊两端饰以鸱尾，正脊及戗脊中间饰凤凰，凤凰与鸱尾间，亦有三角形火焰装饰。有的垂脊前端下段低落一级，以两筒瓦盖扣，此法汉明器中亦有先例。

6. 装饰

这一时期建筑装饰花纹，有中国传统图案花纹，鸟兽类有：青龙、白虎、朱雀、玄武、饕餮等，图案纹有：雷纹、夔纹、水波纹、斜方格、半圆弧等（如图15-62所示）。

图15-62 南北朝建筑装饰纹样

除秦汉以来的传统花纹外，随佛教的传入，外来文化亦传入我国，其中有印度、波斯、希腊等国的装饰（以背兽为斗栱，无疑受波斯柱头影响。狮子之装饰，锯齿纹之应用，也来自波斯）。有些很快被遗弃了，有些如回折卷草、火焰纹、西番草、西番莲、飞天、狮子、金翅鸟等，均被吸收融化，成为我国建筑及其他装饰的素材（如图15-63所示）。

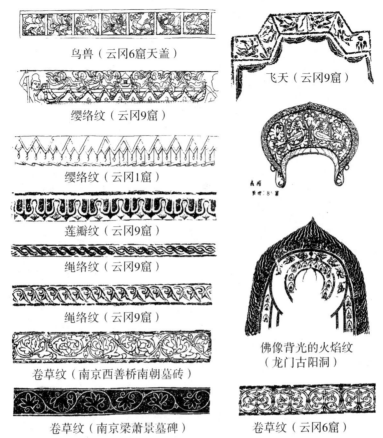

图 15-63　南北朝建筑装饰纹样

思考题

1. 为什么会出现高台建筑？高台建筑的特点是什么？
2. 汉代建筑有何特点？
3. 阙是一种什么样的建筑？有几种形式？
4. 两晋、南北朝时期著名的佛寺、佛塔是哪座？
5. 这一时期我国有哪几个著名石窟？前、后期石窟有何不同？
6. 南北朝时期的建筑特点是什么？

第十六章
封建社会中期建筑

———◦ 本章提要 ◦———

　　本章主要讲述的是封建社会中期建筑。自隋朝至宋辽金时期的六百年是我国封建社会经济文化发展的高峰时期，集中现体了中国封建社会文明的发展，作为当时世界上最昌盛的国家之一，唐朝的建筑技术和艺术也得到巨大的发展和提高，城市建设、宫殿建筑、佛教建筑等都发展到一个新的高峰，并对海外国家如日本等国产生深远影响。

　　隋朝在水利建设上做出了突出的成绩，南北大运河的开凿，对沟通南北地区的经济文化，推动社会发展起了重大作用。安济桥落成于公元594年至公元606年，是世界上第一座敞肩券大桥。

　　宋代出现了我国第一部建筑法典《营造法式》，使当时的建筑业走上了规范化。

第一节 隋 朝

（公元581年至公元618年）

公元581年，隋文帝杨坚建立了隋朝，589年灭陈，结束了自汉末以来民族混战、割据、对峙的混乱局面，重新统一了中国，为社会经济的发展创造了条件。这一时期除了城市建设外，还开凿了南北大运河，建造了世界上第一座敞肩券大石桥——安济大桥。

一、城市建设

（一）大兴城

隋、唐继汉以来，实行东西两京制。隋朝建立的第二年，就在长安龙首山南面，原汉都长安的东南建造新都——大兴城。此城东西9721米，南北8651米。城墙厚12米，每面三座门，每门三门道。但正南的明德门为五门道：东垣，北通化门、中春明门、南延兴门；南垣，东起厦门、中明德门、西安化门；西垣，南延平门、中金光门、北开远门；北垣，西光化门、中景耀门、东芳林门。皇城与宫城位于大兴城正北，皇城是隋朝军政机构与宗庙集中的地方，东西长2820.3米，南北宽1843.6米，正门为朱雀门。

宫城东西长同皇城，南北宽1492.1米，正门为承天门。除皇宫外，共建了东西两个市，108个里坊。把宫廷、官府和居民区严格划分开，改变了历朝官民不分的局面，功能分区明确，这是隋朝城市建设的一大改革，自此以后各个朝代的都城建设，都按照此原则进行规划。城内道路，东西南北规整宽直，皇城与宫城之间的路达200米宽，最窄的路也有25米。大兴城是我国古代规模最大的城市。

（二）东都洛阳

公元604年，隋炀帝即位，第二年炀帝开始营建东都洛阳。《大业杂记》记载："东都大城周回七十三里一百五十步。……宫城东西五里二百步，南北七里。"从上述记载，可以看出隋朝大兴城与洛阳城规模宏伟壮观景象。

二、宫殿

隋朝皇家宫殿集中在宫城，宫城正中是大兴殿，这里是皇帝听政与生活的宫室。隋朝宫殿继承周朝，改用"三朝五门"的周制。所谓"三朝"，即外朝——承天门、中朝——大兴殿、内朝——两仪殿；所谓五门，即承天门、大兴门、朱明门、两仪门、甘露门。

东都宫殿以乾阳殿为正殿，有关文献记载："殿基高九尺，从地至鸱尾高二百七十尺，十三间，二十九架，三陛轩。"

三、园囿

这一时期园囿规模很大，隋炀帝贪图享乐，在洛阳营建西苑。《大业杂记》记载："西苑周二百里，其内造十六院，屈曲绕龙鳞渠，……每院门并临龙鳞渠，渠面阔二十步，上跨飞桥。过桥百步，即种杨柳修竹，四面郁茂、名花美草，隐映轩陛。其中有逍遥亭，八面合成，结构之丽，冠绝今古。……苑内造山为海，周十余里，水深数丈，其中有方丈、蓬莱、瀛洲诸山，相去各三百步。山高出水百余尺，上有宫观，……风亭月观，皆以机成，或起或灭，若有神变。"由以上记述可以看出，西苑规模的宏大和造园技术与艺术的高超。

四、桥梁（安济桥）

隋朝在水利建设上也做出了突出的成绩，南北大运河的开凿，对沟通南北地区的经济文化，推动社会发展起了重大作用。

安济桥（赵州大石桥）始建于隋开皇六年（公元586年）落成于公元594年至公元606年，在南北交通的一条主干道上，在当时著名匠师李春的主持下，建造了世界上第一座敞肩券大桥。此桥位于河北赵县城南3公里的洨河上。全长64.40米，跨径37.02米，矢高7.23米，拱顶9米，拱脚9.6米，主拱两侧背上各设有大小两个小拱。外侧小拱径为3.81米，内侧小拱径为2.8米（如图16-1所示）。

图16-1 安济桥

在此之前，石拱桥多采用半圆拱，安济桥若也使半圆拱，其矢高就得高达18.51米。那样既费工费料，施工又不安全，车驶人行又极不方便。所以安济桥敞肩拱的创造是对世界桥梁史上一重大贡献。

第二节 唐 朝

（公元 618 年至公元 907 年）

唐朝是我国封建社会经济文化发展的高峰时期。建筑技术和艺术也得到巨大的发展和提高，城市建设、宫殿建筑、佛教建筑等都发展到一个新的高峰，并对海外国家如日本等国产生深远影响。

一、城市建筑

（一）西都长安

唐朝的西都长安是在隋大兴城基础上建成的。皇城、宫城与隋朝一致，城北禁苑，即隋之大兴苑。但唐太宗所建的主要宫殿群——大明宫移置在宫城的东北（如图 16-2 所示）。

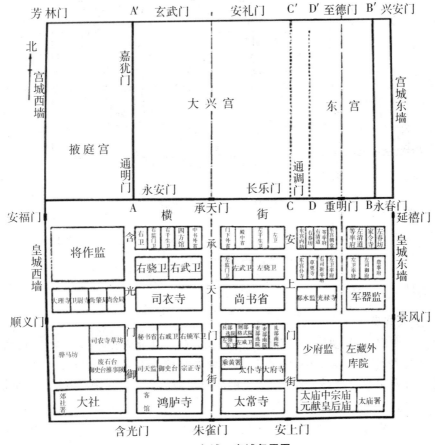

图 16-2　皇城、宫城复原图

（二）东都洛阳

东都洛阳南北最长处 7312 米，东西最宽处 7200 米，洛水东西贯穿全城。城中洛水河上建有四座桥梁，连通南区与北区（如图 16-3 所示）。

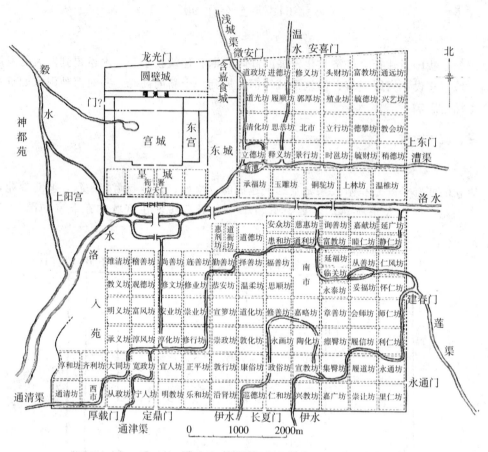

图 16-3 唐东都洛阳城

洛阳共 103 个里坊，坊内有十字街，每个坊像一个小城堡。每一个坊都有坊名，如延寿坊，太平坊，光禄坊，后世的牌坊便由此演变而来。

二、宫殿

（一）长安宫殿

宫城亦称西内，（隋朝故宫）南面正门曰承天门。其北入嘉德、太极二门，而至正殿太极殿（隋之大兴殿）。太宗在太极门、殿东隅建鼓楼，太极门、殿西隅建钟楼，殿外左延明门之东有宏文馆，藏天下书籍。太极殿后两仪殿为日常听政理事之处。宫城内还有山水池、景福台、亭子、球场等。

大明宫在禁苑之东南，宫正南丹凤门内即含元殿（如图 16-4、图 16-5 所示）。《西京记》记载："殿左右有砌道盘上谓之龙尾道。殿陛上高于平地四十余尺，南去丹凤门四百步。"在含元殿以北，有宣政门及宣政殿，紫宸门及紫宸殿，蓬莱殿等。

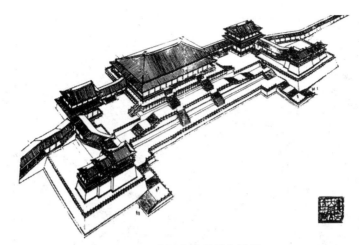

图 16-4　大明宫含元殿复原图

图 16-5　大明宫含元殿复原图

宫内西北有麟德殿，玄宗与诸王及近臣常在此宴会。麟德殿是整组宫殿的总称，麟德殿是这组宫殿主体建筑一层的前殿（如图 16-6 所示）。杨鸿勋先生根据考古遗址复原出麟德殿的平、立面图及透视图，并发表了《唐大明宫麟德殿复原研究阶段报告》一文。从中得知：麟德殿面阔十一间，面阔长 5.3 米，通面阔长 58.3 米，东西两尽间为板筑填实厚墙，实际为九间。进深四间，南北两间各 5 米，中部两间各 4.25 米，通进深 18.5 米，殿前有廊；前殿北隔一间宽的廊道与中部殿堂相接，中部殿堂进深五间，为"穿堂"；后殿进深六间为"障日阁"；穿堂与障日阁的二楼为"景云阁"，此阁为当时的宴会大厅。麟德殿中轴线上的主体建筑总面积，约为清代太和殿的 3 倍（如图 16-7、图 16-8、图 16-9 所示）。

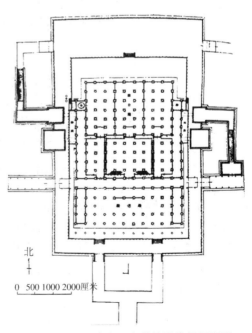

图 16-6　陕西西安唐大明宫麟德殿发掘平面图

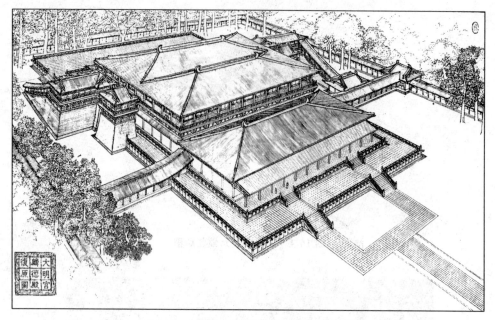

图 16-7　陕西西安唐大明宫麟德殿复原图

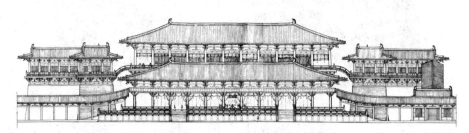

图 16-8　陕西西安唐大明宫麟德殿复原南立面图

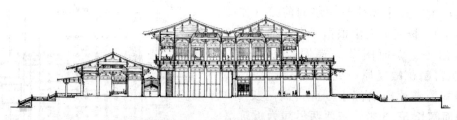

图 16-9　陕西西安唐大明宫麟德殿复原剖面图

以上是麟德殿中轴线上的主体建筑。在景云阁的横轴线上，主殿台基左右，各建一座高台，建筑东西"亭"由阁道与景云阁相通。

此外麟德殿东廊有"郁仪楼"，西廊有"结邻楼"，这两楼也是高台建筑，与景云阁经天桥连通。

沿前殿与穿堂之间的内廊一线，向东西各延伸一廊，即东西"翼廊"，它与麟德殿环绕的廊庑东、西宫门相通，按照传统肯定会有正门（南门）。

杨鸿勋先生的《大明宫麟德殿复原研究阶段报告》及复原图，为我们提供了形象生动、具体的麟德殿形象，"一斑见全豹"，由此也可想象出唐代宫廷建筑规模之宏伟，建筑技术及建筑工艺之高超。

(二) 洛阳宫殿

宫城位于洛阳城的西北隅，宫城平面比较方正，皇城内建有省、府、寺、卫、社、庙等建筑。皇城南临洛水，正门为应天门，应天门外左右前方各建一座双阙，阙身宽 30 米，两阙相距 83 米，阙与城门之间相距 16.5 米，整个平面呈面南凹字形。清代故宫午门与此很相像。

宫城与皇城相邻，位与皇城北，即洛阳城的西北角上。城内乾元殿，文献记载："高一百二十尺，东西三百四十五尺，方三百尺。"后来武后重建，"毁乾元殿，与其地做明堂，……名堂高二百九十四尺，方三百尺。凡三层，下层法四时，各随方色，中层法十二辰，上为园盖，九龙捧之，上施铁凤，高一丈饰以黄金……"由上述可见此殿规模之宏伟。此外还有贞观、徽猷等几十座殿、阁、堂、院。

三、园囿

唐代诸帝造离宫、园囿颇多。太宗于骊山造"温泉宫"，后玄宗改为"华清宫，骊山上下，益置汤井为池，台殿环列山谷，……"其寝宫"飞霜殿"，御汤九龙殿位其南，亦名莲花汤，制作宏丽。"汤中陈白玉石鱼、龙、凫、雁及石莲花，石梁横亘汤上，莲花浮出水面，雕镂巧妙，殆非人工。……此外尚有崇明阁。倚栏可北瞰县境……"从以上《长安志》对华清宫的描写，可以看出唐代离宫、园囿的盛况。

四、寺院

隋唐时期佛教、道教建筑盛行，大兴城中寺观林立。最大的寺院莫如"大兴善寺"，其大殿"曰大兴佛殿，制度与太庙同"。城西南隅的"庄严寺"的木塔，高 230 尺，周回 120 步。

唐代所建寺院不多，多为隋代所建，唐代寺院建筑保存下来的只有五台山的佛光寺正殿与南禅寺正殿。

(一) 佛光寺正殿

佛光寺，是当时五台山佛教华严宗的"十大寺"之一，位于五台山台南豆村东北约 5 公里的佛光山腰（如图 16-10 所示）。佛光寺坐东朝西，这座佛寺顺着地势由西向东，由下向上有三个平台组成，佛光寺正殿坐落在最后一个平台上，也是佛寺的最高处。现在的正殿建于公元 857 年，这是我国唐代保留下来的珍贵殿堂实物（如图 16-11 所示）。佛光寺为单檐四阿式，面阔七间，进深四间，柱网由内外两圈柱组成，这种形式在宋代《营造法式》中称为"金厢斗底槽"。内部形成面阔五间，进深两间的内槽和一周外槽（如图 16-12 所示）。内外柱等高。柱径圆形，粗壮，上端略带卷杀，柱身向内略倾，称柱侧角，柱自中向两侧逐渐升高，称作升起。梁架采用台梁结构，斗栱硕大，与柱身比为 1∶2。斗栱有柱头铺作（柱头科）、补间铺作（平身科）、角柱铺作（角柱科）。柱头铺作与补间铺作有明显区别，补间铺作每间只有一朵（攒），非常简洁，不用栌斗（坐斗、大斗）；而外檐柱头铺作，属双杪双下昂七铺作，这是我国斗栱构件昂最早的实例。其中第一跳与第三跳，为偷心。第二跳，华栱跳头施重栱，第四跳，跳头昂上令栱（厢栱）与要头相交，以承替木及撩檐檩（挑檐桁）。其后尾第二跳华栱引申为乳栿，昂尾压在草栿之下。此建筑成为我国木构架建筑保存下来的最古老、最完整、最成熟的珍贵作品（如图 16-13、图 16-14 所示）。

图 16-10　五台山佛光寺

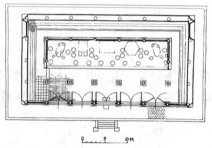

图 16-11　山西五台山佛光寺大殿平面图及大殿内部

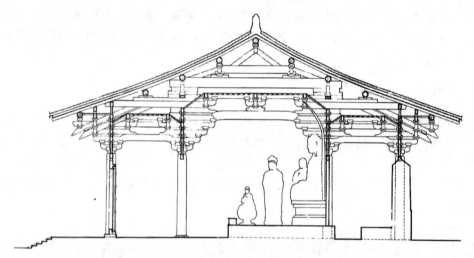

图 16-12　山西五台山佛光寺大殿剖面图

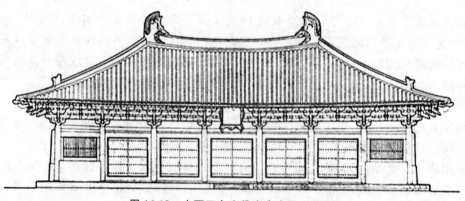

图 16-13　山西五台山佛光寺大殿立面图

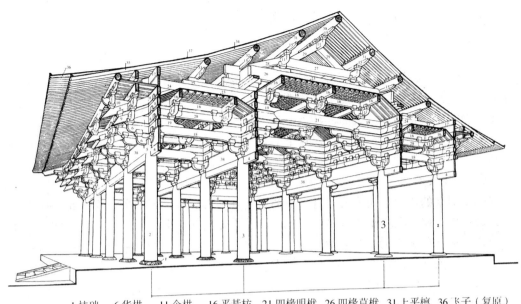

1.柱础	6.华栱	11.令栱	16.平棊枋	21.四椽明栿	26.四椽草栿	31.上平槫	36.飞子（复原）
2.檐柱	7.泥道栱	12.瓜子栱	17.压槽枋	22.驼峰	27.平梁	32.中平槫	37.望版
3.内槽柱	8.柱头枋	13.慢栱	18.明乳栿	23.平闇	28.托脚	33.下平槫	38.栱眼壁
4.阑额	9.下昂	14.罗汉枋	19.半驼峰	24.草乳栿	29.叉手	34.椽	39.牛齐枋
5.栌斗	10.耍头	15.替木	20.素枋	25.辙背	30.脊槫	35.檐椽	40.牛脊枋

图 16-14　山西五台山佛光寺大殿平面图

（二）南禅寺大殿

南禅寺正殿是五台山较小的佛殿，建于公元 782 年。此殿为单檐显山式建筑，面阔三间，进深三间，平面近方形，面阔 11.62 米，进深 9.9 米。它建造的时间比佛光寺要早，是我国目前保存下来的一座最早的木结构建筑（如图 16-15、图 16-16 所示）。

图 16-15　南禅寺大殿平面图、立面图

图 16-16　南禅寺大殿

以上两座佛教建筑是我们研究借鉴唐代殿堂建筑的典范。

五、佛塔

"佛塔"原是佛徒膜拜的对象，后来演变为藏经的"经塔"和墓葬的"墓塔"。佛塔在南北朝时期，是寺院建筑群中的主要建筑，但到了唐朝，塔已不再位于建筑群的中心，退于次要位置，但它是佛教建筑的一种重要类型。

隋唐时期木塔都已不存在，现保存下的皆为砖塔，有楼阁式塔、密檐塔、单层塔、喇嘛塔和金刚宝座塔几种形式。

（一）楼阁式塔

现保留下来的唐朝楼阁式塔，有西安的兴教寺的玄奘塔、大雁塔和建于五代时期苏州虎丘云岩寺塔。而玄奘塔年代最早，造型最简洁大方（如图 16-17、图 16-18 所示）。玄奘塔是唐代高僧玄奘和尚的墓塔，于公元 669 年建造。塔平面为方形，共五层，高 21 米。每面用砖砌成四柱三间，柱顶施阑额（额枋）、普拍枋（平板枋），柱头施把头绞项作（一斗三升），每面四朵，无补间铺作。檐部用砖叠涩而成，斗栱上面，用砖角做成牙子，再在上面叠涩出檐。底层为后世修复，四面平素，没有倚柱，上面四层则用砖砌成半八角形倚柱，在倚柱上装阑额、斗栱，塔顶用砖砌成刹。

图 16-17　陕西西安市兴教寺玄奘法师塔一

图 16-18　陕西西安市兴教寺玄奘法师塔二

（二）密檐塔

1. 小雁塔

唐朝密檐式塔中，平面多为方形，檐多用砖叠涩而成。西安荐福寺小雁塔，云南大理崇圣寺千寻塔为代表。

荐福寺小雁塔位于西安南三里，建于公元 684 年（如图 16-19 所示）。平面方形，底平面 11.25 米，底层南北各开一门。有密檐十五层，现存 13 层，残高 50 米，各层以砖叠涩出挑。塔身表面平素，无任何雕饰。各层塔身高、广递减，越上越小，整体轮廓呈现卷杀造型。

2. 千寻塔

云南大理崇圣寺千寻塔，是现存唐代最高的砖塔之一，平面方形，台基两层，密檐 16 层，高 60 米。塔底每一面设有佛龛，相对两龛内雕有佛像，另外两龛设窗，塔内设有楼梯（如图 16-20 所示）。

图 16-19　荐福寺小雁塔

图 16-20　云南大理崇圣寺千寻塔

唐代密檐塔造型朴实无华，基座扁矮，底层高，带有明显收分，每层檐用砖叠涩而成。底层檐出较大，整座塔中间径大突出，顶部卷杀明显，造型显得威严挺拔。

（三）单檐塔

单檐塔有砖造和石造两种，平面多为正方形，圆形，六角形，八角形，形制小，高度一般在 3 米至 4 米。现存的单檐塔有河南登封县嵩山会善寺的净藏禅师塔，山东济南神通寺四门塔。

山东济南神通寺四门塔，石制，平面方形，每面 7.38 米，高十三米左右。每面中间各开一门，塔中心有方形塔心柱，柱四面雕有佛像。塔檐叠涩挑出五层。四角攒尖顶，顶上装刹，整个造型简洁朴实（如图 16-21 所示）。

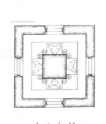
图 16-21　山东济南神通寺四门塔

六、石窟寺

石窟寺南北朝时期仅限于华北地区，到唐代已发展到四川、新疆等地，佛像大到 17

米高,小到 2.3 公分,石窟寺建筑达到了高峰。隋朝石窟基本与南北朝时相同,窟中多数有柱;唐朝石窟主要开凿在敦煌和龙门,出现前后双室与单座大厅堂的两种形式,龙门奉先寺是龙门石窟中最大的洞,东西长 34 米,南北宽 30 米,主佛像高 17.14 米,两侧还雕有天神、力神像。唐代于乐山开凿的摩崖大象,都倚崖建多层楼阁,是前代没有的。

七、隋唐建筑特点

(一) 平面

唐代民居没有保留下来,我们只能从壁画中看到当时寺院的平面布局。唐代寺院整体平面布局,以殿堂为主,四周围墙,或做回廊,殿堂数目或一或二、三座,墙正中开门,四角建角楼。佛塔分立殿堂左右。日本奈良的法隆寺,正殿左右有复道或回廊,折而向前,成凹字形,而两翼尽头建楼或殿。单体建筑平面,以长方形满堂柱网与双槽外,内外槽平面最多。这时已出现或前,或后,或在前后加龟头屋(抱厦)的平面构成形式。每间面阔 5 米左右,各间宽度有等宽的,也有明间宽,其他间递减的情况。

(二) 基座

唐代建筑从现存的寺庙和佛塔来看,都有基座,或平素,或须弥座。或前或后,或左或右设踏垛,前后踏垛有单数,也有左右各一座双数,东面的台阶称"阼",供主人上下,西面的台阶称"阶",供客人上下(如图 16-22 所示)。

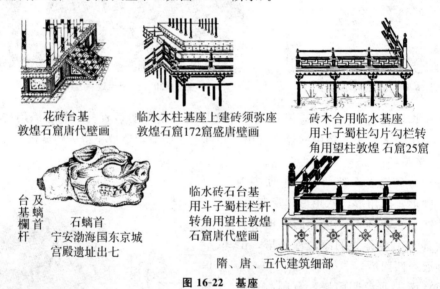

图 16-22 基座

(三) 柱和柱础

唐代的檐柱与内柱同高,横向,自明间檐柱往左右逐渐加高,称"升起"。柱高为柱底径的九倍强,柱身唯上端微又卷杀,柱头紧杀作复盆式。柱有升起与侧角(如图 16-23 所示)。

唐代柱础多覆盆式,也有平素或雕莲花瓣造型。

(四) 斗栱

唐代斗栱已臻成熟,归纳起来有以下六种(如图 16-24 所示)。

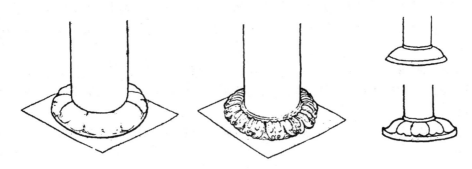

图 16-23　柱和柱础

1. 一斗铺作

为斗栱中最简单者，一件大斗置于柱头上，以承檐椽。如用补间铺作（平身科）也用大斗一件。

2. 把头绞项铺作（一斗三升）

把头绞项铺作使用较多，玄奘塔、净藏塔皆使用它。玄奘塔大斗口出耍头，与泥道栱相交。而转角铺作（角柱科）则侧面泥道栱在正面出耍头。柱头枋至转角亦相交为耍头。

3. 双杪单栱铺作

大雁塔门楣石所画大殿，柱头铺作出双杪。第一跳偷心，第二跳跳头使令栱，以承撩檐椽。其柱中心则泥道栱上施素枋，枋上又施令栱，栱上又施素枋。其转角铺作，则角上出角华栱两跳，正面华栱及角华栱跳头施鸳鸯交手栱，与侧面鸳鸯交手栱相交。

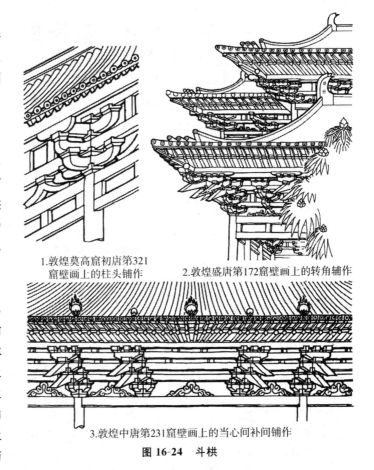

1.敦煌莫高窟初唐第321窟壁画上的柱头铺作　2.敦煌盛唐第172窟壁画上的转角铺作

3.敦煌中唐第231窟壁画上的当心间补间铺作

图 16-24　斗栱

4. 人字栱及短心柱补间铺作（平身科）

净藏塔前面圆券门之上，以矮短心柱为补间铺作，其余各面则用人字形补间铺作。大雁塔门楣石所画佛殿，则与阑额与下层素枋之间安人字形铺作。

5. 双杪双下昂铺作

五台山佛光寺大殿柱头铺作为双杪双下昂，是我国昂的最早实例。其第一、第三两跳偷心，第二跳华栱跳头施重栱，第四跳跳头昂令栱与耍头相交，以承替木及撩檐槫（椽）。

其后尾则第二跳华栱引申为乳栿，昂尾压于乳栿之下。其下昂嘴斜杀为批竹昂。此为唐代通用样式。转角铺作于角华栱及角昂之上，更出角昂一层，其上安宝瓶以承角梁。为由昂之最早实例。

6. 四杪偷心铺作

佛光寺大殿金柱出华栱四跳，以承内槽四椽栿，全部偷心，不加横栱，其后尾与外檐铺作相同。

佛光寺大殿木构斗栱，为我国最早实例，此时形制已标准化了，与后世宋、辽实物有很多相同之处。

（五）梁架

唐代建筑在梁架上有以下特点（如图16-25所示）：

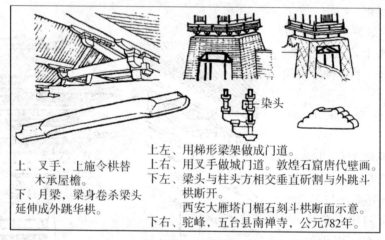

上左、用梯形梁架做成门道。
上右、用叉手做城门道。敦煌石窟唐代壁画。
下左、梁头与柱头方相交垂直斫割与外跳斗栱断开。
西安大雁塔门楣石刻斗栱断面示意。
下右、驼峰，五台县南禅寺，公元782年。
上、叉手，上施令栱替木承屋檐。
下、月梁，梁身卷杀梁头延伸成外跳华栱。

图 16-25 梁架结构

1. 阑额与由额之间施短柱

大雁塔楣石上所画的佛殿，在两柱的阑额与由额之间加两根矮柱，将一大间分为三小间，可视为当时的做法，后世未见此例。

2. 普拍枋（平板枋）的使用

普拍枋有的建筑使用，有的建筑不使用。玄奘塔下三层，都以普拍枋承载斗栱。而最上两层则无普拍枋，斗栱直接安装在柱头上。

3. 内外柱同高

佛光寺内柱与外柱同高，屋面举折大小，完全由梁架构成。

4. 举折

佛光寺大殿屋面举高，为前后撩檐枋间的距离1/5强，其坡度比后世缓和得多，头一举折更小。

5. 明栿及草栿（梁）

佛光寺大殿斗栱之上，所承载的梁均为月梁，它的中部微微栱起，形如新月，梁头之上及两肩均做卷杀，至今江南建筑仍使用此种型制。在此殿中，明栿露在外面，仅承载平暗（天花板）的重量，称作明栿，平暗之上的梁架，不加卷杀修饰，以承屋面之重，称之草栿。

6. 大叉手

佛光寺大殿平梁（相当三架梁）之上不立侏儒柱，而以两侏儒柱人字相交，形成叉手结构。

7. 角梁及檐椽

佛光寺大殿角梁有两层，大角梁（老角梁）安装在转角铺作上，由昂上的宝瓶承托着角梁（子角梁）。佛光寺大殿只有一层檐椽，而无飞椽，椽径方形，椽头有卷杀。翼角部位有翼角椽，与后世无别。大雁塔楣石上所画的大殿，则有椽两层，底圆上方，且有明显卷杀。

8. 藻井

佛光寺平暗用小方格，天津蓟县辽代的独乐寺观音阁平暗亦同此式。

9. 屋面

佛光寺大殿为四阿式，从间接资料来看，还有九脊式（显山式），攒尖式，不厦两头式（悬山）。佛光寺屋面瓦饰已是后世样式，从间接资料来看，当时筒瓦已普遍使用，大雁塔楣石上画建筑，筒瓦非常清晰，正脊两端饰鸱尾，正中安宝珠，正脊垂脊以筒瓦覆盖，脊下端微起，压以宝珠；两坡有反宇（如图16-26、图16-27所示）。

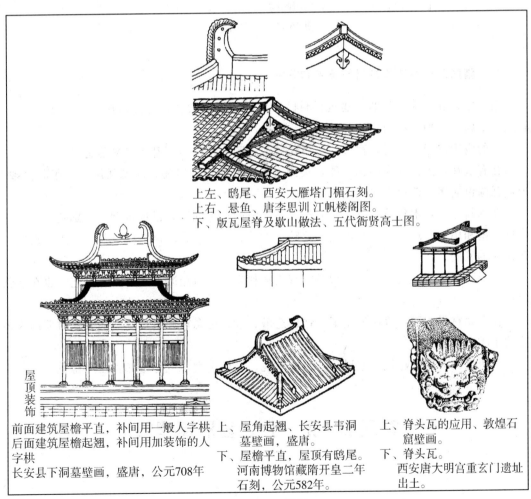

上左、鸱尾、西安大雁塔门楣石刻。
上右、悬鱼、唐李思训 江帆楼阁图。
下、版瓦屋脊及歇山做法、五代卫贤高士图。

前面建筑屋檐平直，补间用一般人字栱
后面建筑屋檐起翘，补间用加装饰的人字栱
长安县下洞墓壁画，盛唐，公元708年。

上、屋角起翘、长安县韦洞墓壁画，盛唐。
下、屋檐平直，屋顶有鸱尾。河南博物馆藏隋开皇二年石刻，公元582年。

上、脊头瓦的应用、敦煌石窟壁画。
下、脊头瓦。西安唐大明宫重玄门遗址出土。

图 16-26　屋面

  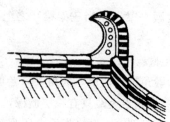

5.西安大雁塔门楣石刻鸱尾（初唐）　6.大明宫麟德殿前出土鸱尾（初唐）　7.敦煌莫高窟初唐第220窟壁画

8.敦煌莫高窟盛唐第126窟壁画　9.佛光寺大殿元代仿唐鸱吻

图 16-27　屋面脊饰

八、隋唐五代时期建筑材料技术和艺术

隋、唐、五代这一时期，建筑材料已很发展，品种很多，有砖、瓦、木、竹、玻璃、石灰、金属、矿物颜料与油漆等。

砖的应用已相当广泛，宫殿、房屋、城池、陵墓、佛塔等都用砖来建造。

瓦有灰瓦，黑瓦和琉璃瓦三种，灰瓦用于一般建筑，黑瓦、琉璃瓦用于庙宇和宫殿。琉璃瓦绿色居多，蓝色次之，用于离宫。

在木料方面，木建筑解决了大面积、大体量的技术问题，已成定型。特别是斗栱，其构件造型和用材已规范化，制度化，反映了设计、施工、管理制度的进步，有力地促进了建筑业的发展。

石料除房屋建筑外，陵墓，佛塔也都用石料来建，石窟雕刻，石碑雕刻艺术也在蓬勃发展。

在金属材料方面，普遍使用铜、铁铸造塔、幢、纪念柱和造像等。如五代时期南汉铸造的千佛双铁塔。

隋唐五代时期的建筑造型风格，总的来说，规模宏大，气势雄伟，庄严稳重。

第三节　宋、辽、金时期建筑

（公元960年至公元1279年）

公元960年，后周灭亡后，宋太祖赵匡胤建立了宋朝，统一了中原与南方广大地区，史称北宋。同时北方则有契丹族的辽政权，与北宋对峙。北宋末年，在长白山一带女真族建立了金朝，向南入侵，于公元1127年灭了北宋，当年，宋高祖在南方建立了南宋，而后形成金与南宋对峙的局面，直到元的建立，公元1279年南宋灭亡。

北宋统一后，农业、手工业都得到进一步的发展，科学技术和生产工具更加进步。火药、活字版、指南针都是这一时期创造的。由于手工业和商业的发展，作坊的集中和扩大，促进了城市的繁荣和发展。汉唐以来的里坊制度被打破，形成了按行业成街的新的建筑格局。建筑行业出现了我国最早的一部建筑法典《营造法式》，保证了建筑的设计标准、用材标准、和施工标准，统一了建筑样式，造型风格，使建筑水平达到一个新的高度。

契丹族在东北建立了辽朝，在建筑上受唐和五代的影响，保留了很多唐代风格。女真族所建的金朝，在建筑上吸收了宋辽的遗风，但在建筑装修上又有了自己独特的风格。

一、宋代建筑

（一）城市建设

这一时期，出现了一些中等城市，主要有北宋东京汴梁（开封）、西京洛阳、南宋的临安（杭州）、辽的南京（北京）、和金的中都（北京）及宋平江（苏州）、扬州等。

1. 东京汴梁

东京为唐时的汴州，唐时周回二十多里，宋初称里城。宋又建新城，周回四十八里多，号称外城。文献记载东京有三重城，每道城墙外都有城壕环绕，城墙每隔百步设有"马面"，南面有三座城门和两座水门，北面有五座门，东西各四座门，门外建有瓮城，城上建城楼与敌楼（如图16-28所示）。

市街商店建设极其豪华。《辽史·地理志》记载："潘楼街……南通一巷，谓之界身，并是金银彩帛交易之所；屋宇雄壮，门面宽阔，望之森严。"酒店："凡京师酒店

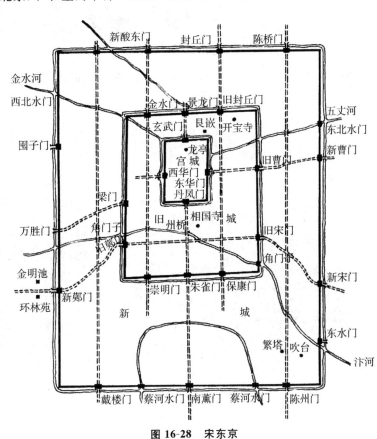

图16-28 宋东京

门首皆缚彩楼欢门……入门一直走廊,约百余步,南北天井,两廊皆小阁子,向晚灯烛荧煌,上下相映。"

内城的主要建筑为宫殿、衙署、寺观、王公宅院及民居、商店、作坊等。

在城市布局上,打破了以前的封闭里坊制度,形成了行业街道。作坊、铺面、住宅都面朝街道,这是由于手工业、商业的发展促进了城市开放,是城市建设的一次重大革命。

宫城位于内城中央偏北,周回5里,每面建一城门,正门名丹凤门,有五个门洞,北门名玄武门,东门名东华门,西门名西华门。

图16-29 《清明上河图》中的桥梁

汴梁有穿城水道四条,大小桥梁三十多座。桥最大者数汴河的州桥,正名大汉桥。桥低平,其下密排石柱,又有石梁、石笋、楯栏。靠近桥两岸皆以石砌壁,镌刻海马、水兽、飞云等图案。《东京梦华录》记载:"州桥之北,御路东西,两阙楼观对耸。"宋张择端《清明上河图》展现了当时东京汴河沿岸城池、街道铺面、汴桥及河道运输繁忙景象(如图16-29~图16-32所示)。

图16-30 《清明上河图》中的城楼

图16-31 《清明上河图》中的街道

2. 平江（苏州）

平江自唐代以来，便是一座手工业、商业发达的城市。水旱交通方便，运河自西、南两面绕过，西北通汴梁，东南达临安。城的平面为长方形，南北长，东西窄。城内交通水陆两套系统，街道纵横平直，水道多东西向，构成水陆交通网，住宅、作坊、铺面都是房前为街，房后是河。城的西南盘门内是接待往来官吏与外国使臣的馆驿区，馆驿东侧为粮食仓库及米市，再东北为繁华的商业区，商店、酒楼、旅馆等，南北两端为军事区，其他部分为住宅、寺院、作坊等。区域功能划分明确（如图16-33所示）。

图16-32 《清明上河图》中的街道

（二）宫殿、园囿

北宋皇宫大内正殿为大庆殿，面阔九间，东西挟屋各五间，东西廊各六十间，是皇帝大朝处理政务的地方。大庆殿北有紫宸殿，为视朝的前殿；有集英殿，为宴会殿；此外还有需云殿、升平楼；后宫还有崇政殿、景福殿等。

宋朝园囿绮丽纤巧。如琼林苑，北有金明池，各朝每岁驾幸观楼船水嬉，在此赐群臣宴射。后苑池名象瀛山，殿阁临水，云屋连簃，诸帝常观御书，流杯泛觞游宴于玉宸殿。

《东京梦华录》记载金明池："周围约九里三十步，池东西径七里许。入池门内南岸西去百余步，有西北临水殿……又西去数百步乃仙桥，南北约数百步；桥面三虹，朱漆栏楯下排雁柱，中央隆起，谓之骆驼虹，若飞虹之状。桥尽处五殿正在池之中心，四岸石甃向背大殿，中坐各设御幄……殿上下回廊。桥之南立棂星门，门里对立彩楼……门相对街南有砖石甃砌高台，上有楼，观骑射百戏于此。"

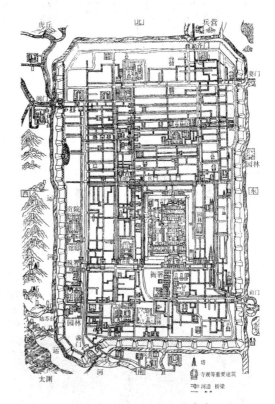

图16-33 宋平江府图碑摹本

（三）寺院

宋代宫廷多信奉道教，故道观最盛，最大道观为建隆观。当时佛教最大的寺院为相国寺，原建于北齐，公元745年增建资圣阁，公元996年敕建三门，赐额大相国寺。

然而道观保存下的不多，现今保存下来的名刹首推河北正定的龙兴寺（如图16-34所示）。

1. 龙兴寺

龙兴寺，始建于隋开皇六年（公元586年），整体平面为长方形，南北向，自南向北依次为琉璃照壁、石桥、天王殿、大觉六师殿遗址、摩尼殿、牌坊、戒坛、慈氏阁、转轮藏殿、大悲阁、弥陀殿、毗卢殿，是我国寺庙建筑的典型。

龙兴寺初为龙藏寺，宋开宝四年，增建大悲阁，内立铸铜观音像与阁同高。现存龙兴寺主要建筑为宋代作品。虽后世几经维修过，但保存了宋代建筑风格。

（1）摩尼殿

摩尼殿平面近方形，面阔七间，进深六间，四面各出抱厦一座，屋面为九脊（显山）重檐，整座造型既庄严又活泼（如图16-35所示）。

摩尼殿抱厦檐柱为梭形，具有明显收分与柱侧角，柱粗矮，柱径与柱高的比为1∶4.6。斗栱硕大，上下檐均为单杪单昂偷心造。补间铺作、柱头铺作左右出斜栱，所有令栱（厢栱）一木连做；令栱之上蚂蚱头做成昂形（如图16-36、图16-37所示）。

从内檐可以看出，当时斗栱是作为结构使用，与梁架形成一个整体（如图16-38所示）。

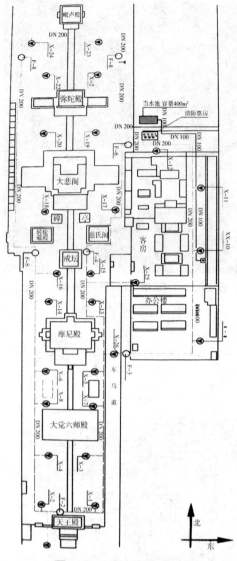

图16-34　龙兴寺总体平面图

图16-35　摩尼殿正面

图16-36　摩尼殿全貌

图 16-37 摩尼殿外檐斗栱

图 16-38 摩尼殿内檐斗栱及梁架结构

（2）转轮藏殿

转轮藏殿，面阔为三间，进深四间，因下层装转轮，故将第三排内两柱，向两侧外移。这是一座两层，重檐歇山楼阁，二层四周有平座。上层梁架不同，使用了大叉手构件。上檐斗栱，耍头作昂嘴形，其上另出蚂蚱头与替木相交。此为北宋中叶流行样式（如图 16-39 所示）。

殿下层中央安一转轮藏，为北宋原物。

（3）大悲阁

图 16-39 转轮藏殿

现存佛香阁为歇山建筑，重檐，有平座，三层，总高约 33 米。阁内供奉铜铸四十二手观音，高 24 米，是我国现存古代最大的铜像。柱头斗栱为双杪铺作，厢栱顶着实拍枋，枋承载撩檐桁；补间铺作为双杪偷心铺作，底层无坐斗，由驼峰顶着短柱，短柱承载着连做的栱与杪（如图 16-40～图 16-44 所示）。

图 16-40 隆兴寺大悲阁

图 16-41 隆兴寺大悲阁与辅殿后视

图 16-42　隆兴寺大悲阁模型

图 16-43　一层大悲阁外檐铺作

2. 晋祠

晋祠在山西太原西南,它是祭祀春秋和四晋侯的始祖叔虞,故称晋祠。主要建筑有圣母殿、殿前有鱼沼、鱼沼上建有飞梁、沼前建有献殿、献殿前有金人台,组合为一组建筑群。

(1) 圣母殿(正殿)

建于宋崇宁元年(公元1102年),面阔七间,进深六间,殿身五间,周匝副阶,前廊深两间。重檐九脊顶。下檐斗栱柱头铺作出平昂两跳,单栱计心造,其昂两层,华栱外端斫作昂嘴形,为后世常用之昂形华栱最早一例(如图16-45所示)。

图 16-44　大悲阁内檐四层梁架结构

图 16-45　山西太原晋祠圣母殿

其要头作蚂蚱头形,后尾为华栱两跳以承乳栿。补间铺作单杪单下昂与令栱相交,要头亦作昂嘴状,故呈现单杪双下昂现象,皆为宋初斗栱构件特征之一。其后尾则出华栱三跳,昂尾斜上以承檩(槫)。上檐柱头铺作为双杪单昂,第一跳偷心,但跳头施异形栱。第二三两跳均施单栱。要头作昂嘴形,昂后尾压于栱下。补间铺作则为单杪重昂,其昂为平置的假昂,要头作蚂蚱头形。此殿角柱升起颇为显著,上檐柱尤甚。

(2) 献殿

小殿三间,九脊顶,四周不筑墙壁,于栏墙上安叉手,如凉亭。其斗栱与正殿下檐斗栱几乎完全相同。整个造型颇为灵巧豪放。

(3) 飞梁

正殿与献殿之间,方池曰鱼沼,其上架平面十字型桥,曰飞梁。在池中立方石柱若干,柱头以普拍枋联络,其上置大斗,斗上施十字交叉栱,以承桥之承重梁,此即古所谓石柱桥也。此式石柱桥，再古画中偶见，实物则仅此一孤例（如图 16-46 所示）。

3. 佛宫寺释迦木塔

佛宫寺释迦木塔为宋代建筑，建于公元 1056 年，位于山西应县城内，塔于佛宫寺内，前为山门，后是大殿，为此寺中心建筑。是我国目前保存最早的古木塔。塔高五层，通高约六十七米。平面八角形，通体木结构，底层建周匝副阶，形成重檐。其上四层均有平座和单檐。每层柱比上层柱往里收进半柱径。顶为八角攒尖，尖部立铁刹。斗栱有双杪偷心、双杪、三杪等六十余种。整个造型精美绝伦（如图 16-47 所示）。

图 16-46　晋祠大殿及殿前鱼沼、飞梁

图 16-47　山西应县佛宫寺释迦木塔

4. 广惠寺华塔

广惠寺华塔（如图 16-48 所示）位于河北正定城内，此塔由正中主塔与四隅四个子塔组合而成。主塔平面八角形，高三层，东南西北各辟一门；子塔六角形，单层。每层用砖做成柱、枋、斗栱、窗等。第三层之上为高大的圆锥体，并于表面塑出多座单檐方塔及大象、狮子等动物，构思巧妙，造型奇特，为佛塔中一孤例。

二、辽国建筑

城市建设

1. 辽都

契丹族创建了辽国，契丹族原"草居野处，靡有定所"。辽代建筑继承北宋初期形制，雄朴为主，不尚华奢。公元 938 年建辽，定都临潢府（河北林西县）为上京、幽州为南京、辽阳为东京、大定府（热河朝阳、平泉、赤峰等地）为中京、大同为西京。

上京——文献记载："城高二丈，……幅员二十七里。……其北谓之皇城，……中有大内。……大内南门曰承天；有楼阁，……东华、西华。……通内出入之所。"

图 16-48　广惠寺华塔

南京——古为冀州，唐时属范阳郡，又称燕京，为北京奠都之始。城有八门，方圆其说不一。其址在现今北京宣武门以西，右安门、广安门郊外。

2. 宫殿

辽于上京曾建开皇、安德、五銮三大殿。

根据史料记载，虽在南京未大兴土木，无意营建，仍以幽州子城为大内。至公元1036年，才下诏修建南京宫阙府署。辽代建筑形制同北宋初期，雄朴无华。

3. 寺院

（1）河北蓟县独乐寺

独乐寺现存山门与观音阁为辽代原物。山门面阔三间，单檐庑殿式，正殿五间、外视两层、内为三层。柱有收分、柱侧角；内外柱同高，每间只有补间铺作一朵；基座低矮，斗栱硕大，檐出较深，总体造型显得敦实稳重（如图16-49所示）。

（2）赵州经幢

经幢是佛教的一种建筑形式，其上镌刻佛经，佛故事。唐前经幢造型粗壮，装饰简单，发展到宋代，造型秀美，装饰华丽。赵县幢建于北宋，通身石构，下部三层由须弥座叠成，底层平面为正方形，其上两层为八角形，由大到小，束腰部分刻以力神、仕女、歌舞乐伎、廊屋等；顶层须弥座之上，为宝山撑托幢身、其上各以宝盖、仰莲等撑托第二、第三层幢身，再上为八角城墙，刻太子出城门的故事，最上为宝顶（如图16-50所示）。

图16-49 河北蓟县独乐寺

图16-50 赵县经幢

三、金代建筑

城市建设

1. 金都

金与辽相同，建有五京，即宋之汴京为南京，大定为北京，辽阳为东京，大同为西京，燕京称中都（北京）。

中都是在辽旧城基础上加以扩建的。中都四面十二门，制度仿汴京。皇城周回"九里三十步"。自内城南门天津桥北之宣阳门至应天楼，东西墙步廊各二百余间，中间驰道宽阔，有东西横街三道，同左右民居及太庙、三省、六部。

中都城池建筑宏伟，有关文献记载，应天门（通天门），高八丈，有五道门，红颜色，门上饰以金钉；宣阳门，门楼两层，非常宏大，有三个门道；内城四角都有朵楼；宫阙门户屋面使青琉璃瓦，两边一里左右各设有朵门。通过上述可以想象出当时中都城规模十分壮观。

2. 宫殿

当时中都宫廷建筑，《大金国志》有所记载："内殿凡九层，殿三十有六，楼阁倍之。""其正朝曰大安殿，东西亦皆有廊庑。大安殿后宣明门内为仁德殿，乃常朝之所。殿则为辽故物，其朵殿为两高楼，称东西阁门；西出玉华门，则为同乐园、若瑶池、蓬瀛、柳庄、杏村在焉。"

3. 寺院

善化寺在大同南门内，为辽金作品，现存主要殿阁有大雄宝殿，及普贤殿，为辽代建筑；三圣殿及山门为金代所建（如图16-51所示）。

善化寺大雄宝殿，广七间，深五间，单檐庑殿式。基座甚高，筑有栏板，柱网分布为减柱造，中间四缝省去外槽的前内柱和内槽的后内柱。只用四根柱子，使得空间加大；檐柱有名显的升起；其外檐斗栱出双杪，计心重栱造，补间铺作以驼峰置于普拍枋上以承栌斗；但明间、次间、梢间斗栱各不相同，形制复杂。

图 16-51　善化寺

四、南宋建筑

（一）城市建设

南宋高宗即位于南京（应天府），由于金兵入侵，四处撤离，起初高宗驻跸杭州，以州治为行宫，后金人入侵，不得不奔走明州、温州、平江、常州、镇江等地，行迹不定，于绍兴八年方定都临安。起初仅在州府旧址上加以修缮，据《舆服志》记载："其实垂栱、崇政二殿，权更其号而已。殿为屋五间，十二架，修六丈广八丈四尺，殿南檐屋三间，修一丈五尺，广亦如之。两朵殿各二间。东西廊各二十间，南廊九间，其中为殿门。三间六架。"其制如常人所居。

临安外城，有十三门，东七门，西临湖有四门。南北各一门。南嘉会门，北余杭门。另有水门五座。

（二）宫殿

南宋定都临安后，陆续增建慈宁宫、太社太学、圜丘、景灵、神御殿、太庙、玉津园、太一宫、万寿观等。

南宋宫殿无宏大建筑，工巧靡丽，气魄不足。

《临安志》记载："绍兴十八年，命皇城南门曰丽正，北门曰和宁，东垣曰东华……皇城周回九里。"南面丽正门："其门有三，皆金钉朱户，画栋雕甍，覆以铜瓦，镂缕龙凤飞骧之状，巍峨壮丽，光耀溢目。左右列百官侍立阁子，登闻鼓院，检院相对，悉皆红杈子，排列森严，门禁严甚。"

五、宋、辽、金建筑特征

(一)平面布局

江苏吴县苏州府文庙所保存的平江府图碑,为我们展示了宋代城市建筑布局。平江府治,原为南宋皇宫,后改为平江府治,府治围以长方形城墙,南面偏东设南门,西面偏北设西门,东、北两面无门。非中轴线左右对称,但主要厅堂仍以府门为中轴线。

宋代曲阜文庙,在主要殿宇两侧都有廊庑,并合成院落。其平面为多进方形院落合成。到金代,院落除回廊外,在殿宇与殿宇之间,均加以主廊,平面形成工字形。有的四隅建角楼,也是常用的布局方法。

(二)基座

《宋营造法式》对基座没有明确规定,现存实物,基座多为后世修砌,高低不等,有的以须弥座形式。基座前踏垛,宋代仍有设左右两阶者,左称阼,右称阶。左主右宾指的是主人走左阶,客人走右阶(如图16-52所示)。

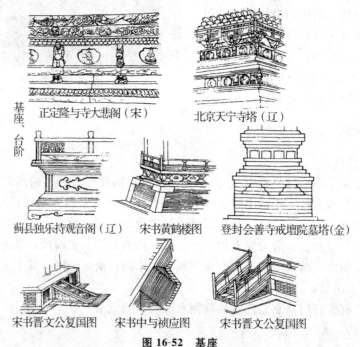

图 16-52 基座

(三)柱与柱础

柱有直柱,即上下径等同。另一种常见柱称梭柱,状如梭。即将柱上三分之一作卷杀,如盆覆扣。另有八角柱,上径较下径微有收分。收分,升起,柱侧角是宋代常用的手法(如图16-53所示)。

柱础,有平础不出覆盆和出覆盆的两种。覆盆有雕莲瓣、卷草、山水、龙纹等花饰。《营造法式》规定柱础为柱径的二倍,覆盆高为方的十分之一,盆唇宽为盆高的十分之一(如图16-54、图16-55所示)。

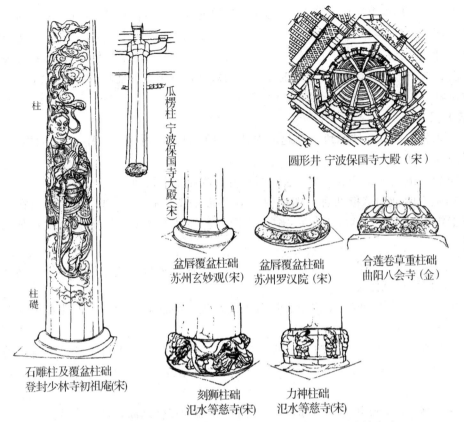

图 16-53　辽、金建筑细部柱、柱础（引自《中国古代建筑史》）

图 16-54　柱、柱础

图 16-55　龙兴寺大悲阁覆莲柱础

（四）斗栱

斗栱发展到宋代已很成熟，并对其各部件的形制、数据已作具体规定，高度标准化。按《营造法式》规定："凡构屋之制，皆以材为主，材有八等，度屋之大小，因而用之。第一等广九寸宽六寸……；栔广六分宽四分，材上加栔者谓之足材；凡屋宇之高深，名物之短长，曲直举折之势，规矩绳墨之宜，皆以所用材之分，以为制度焉。"也就是说房屋的各部件尺寸、做法都以截面大小不同的材和栔为准。

虽然构件标准化，但构件组成却十分丰富，宋代斗栱在铺作组成方面，因出杪、出昂、单栱、重栱、计心、偷心不同而有不同的变化。这一时期现存古建筑中就有十几种形式的斗栱，如：单杪单昂偷心昂形耍头（正定摩尼殿）；三杪单栱计心（正定转轮藏平座）；昂形耍头与令栱相交，在耍头位置上，其前做昂嘴形，后尾挑起为杠杆。（正定转轮藏殿）；双杪单栱偷心（独乐寺山门）；双杪三昂重栱计心（正定转轮殿转轮藏）；双杪双昂重栱偷心（独乐寺观音阁）；补间铺作之下使矮柱，其下或使驼峰（独乐寺山门）；双杪或三杪与斜华栱相交（大同善化寺大雄宝殿）。

（五）梁架

1. 外檐柱有收分、柱侧角及升起；内柱与外柱同高，内柱有全柱一柱不减，亦有减柱无可再减之例。

2. 梁架的组成方式灵活多变，法式图样就有侧样二十余种。

3. 梁栿有明栿和草栿两种，明栿是露在外面的梁，作工精细，草栿是藏在里面的梁，作工粗糙。若有平棋（天花），则使草栿，若"彻上露明造"梁架全露在外面，则使明栿。

4. 平梁之上使侏儒柱（脊瓜柱）以乘脊檩，两侧又加以叉手。唐代此处只使叉手而无侏儒柱，清代只有侏儒柱而无叉手。

5. 屋面举折。自撩檐枋上皮至脊檩背上之高度，为前后撩檐枋间的距离的四分之一至三分之一。

6. 普拍枋（平板枋）。普拍枋有的建筑使用，有的建筑不使用。普拍枋宽且薄，使于阑额（大额枋）和柱之上，普拍枋的宽度大于阑额的厚度，普拍枋与阑额成T字形。

7. 各檩缝下，皆使用襻间（随桁枋），有的在檩和襻件之间，加以斗栱支撑联络。

8. 平棋。平棋做长方形格子；平暗做正方形格子；斗八藻井，施之于平棋或平暗之内，其下或施以斗栱。

9. 角梁两重，大角梁为直料，外端作蝉肚或卷瓣，子角梁折起，梁头斜杀。檐椽不杀而杀飞椽，明清已不见此例。

10. 屋顶。屋面形式已有多种，有四阿式（庑殿），为最尊之式，并有推山之制；九脊（显山）式，级别仅次于四阿式；不厦两头（悬山），檩头出山墙，附以博风板，博风板下饰以悬鱼或若草等。

11. 瓦、脊饰。瓦分筒瓦、板瓦，筒瓦施于殿堂，板瓦施于厅堂、屋舍，此制延续至清。屋脊由多层板瓦叠砌而成，正脊两端已非鸱尾造型，正在向清式吻兽演变，正中安装宝珠一枚。垂脊饰兽头、蹲兽、傧伽（如图16-56、图16-57所示）。

12. 彩画。《营造法式》中彩画，以蓝、绿、红三色为主，样式繁多，严谨，程式化（如图16-58所示）。

13. 门窗。院门常见乌头门，外檐门以板门、格子门为主（如图16-59～图16-61所示）。

第十六章 封建社会中期建筑

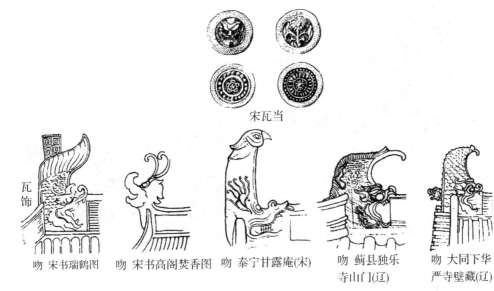

宋瓦当

瓦饰　吻 宋书瑞鹤图　　吻 宋书高阁焚香图　　吻 泰宁甘露庵(宋)　　吻 蓟县独乐寺山门(辽)　　吻 大同下华严寺壁藏(辽)

图 16-56　脊饰、瓦当

图 16-57　正定大悲阁辅殿戗脊脊饰

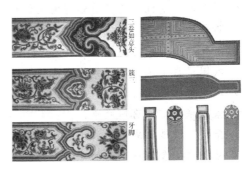

图 16-58　彩画引自《营造法式》

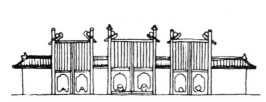 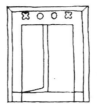 

乌头门 金刻宋后土祠图碑　　版门 禹县白沙宋墓　　版门 登封少林寺墓塔(金)

  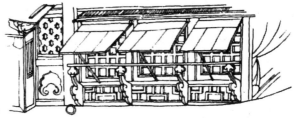

落地长窗　　格子门　　格门、兰槛钩窗 宋书雪霁江行图
宋书华登侍宴图　涿县普寿寺塔(辽)

图 16-59　门、窗

图 16-60　正定龙兴寺大悲阁门窗样式

图 16-61　正定龙兴寺大悲阁门窗样式

思考题

1. 隋朝城市建设布局较前朝有何变化？
2. 隋朝桥梁建筑有何成就？
3. 唐代建筑有何特点？
4. 我国保存下来的唐代寺院有几座？各自的梁架怎样？
5. 唐代佛塔有几种形式？
6. 宋代城市建设有何变革？
7. 宋代《营造法式》的诞生有何意义？
8. 宋、辽、金保存下来的寺院有哪几座？各有何特点？

第十七章
封建社会后期建筑
(公元1279年至公元1911年)

---◇ 本章提要 ◇---

　　本章主要讲元朝至清朝间的建筑。元朝灭金后,迁都于北京,为加强统治,统治者提倡多种宗教信仰,各种宗教建筑得到发展。朱元璋推翻了蒙古统治建立了明朝,后朱棣迁都北京,重建北京,使之成为明清两代都城,至今北京还完好地保存了明清两代皇宫、帝王庙、社稷坛等。清朝是我国古代建筑的最后一个辉煌时期。雍正十二年,清工部颁发了《工程做法则例》,成为官式建筑的法典,在这期间官式建筑已走向定式,日渐规格化、程式化。

第一节 元朝建筑

（公元 1279 年至公元 1368 年）

公元 1279 年，元世祖灭了南宋，统一了中国。由于残酷的民族压迫，农业、商业、手工业都遭到严重破坏，经济发展受到很大阻碍。为加强统治，元朝统治者一方面提倡儒学，另一方面利用宗教作为巩固统治的手段。

元朝主要信奉喇嘛教，其他道教、伊斯兰教、基督教也都提倡，多元的文化对建筑也产生了深刻的影响。

一、城市建设

元朝灭金后，迁都到金的故都——中都（北京），于公元 1271 年更名大都。据《元史地理志》、《元大都城坊考》记载："京城右拥太行，左挹沧海，枕居庸，奠朔方，城方六十里，十一门。"（如图 17-1 所示）

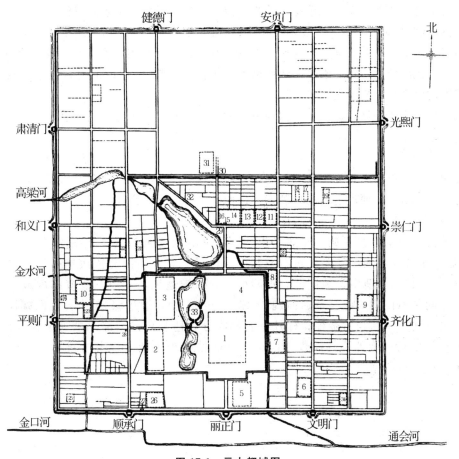

图 17-1 元大都城图

元大都平面近方形，南北长 7400 米，东西宽 6650 米，北垣两门：东安贞门，西健德门；东垣三门：北光熙门、中崇仁门、南齐化门；南垣三门：东文明门、中丽正门、西顺承门；西垣三门：南平则门、中和义门、北肃清门。

皇城位于大都南面中心，宫城在皇城东南，东面是太庙，西面是社稷坛。《元故宫遗录》对皇宫有所记载："崇天门，门分为五，总建阙楼，其上翼为回廊，低连两观。旁出为十字角楼，高下三级；两旁各去午门百余步。有掖门，皆崇高阁。内城广可六、七里，方布四隅，隅上皆建十字角楼。……由午门内可数十步为大明门。"

二、宫殿

元代宫殿位于午门内大明门后正中，以大明殿、延春阁两组宫殿为主，这两组宫殿都坐落在大都城的中轴线上，其他宫殿位于东西两侧。每组自成院落，而每一组又分前后两部分，中间由穿廊连接为工字形殿，前殿为处理政务的地方，后面为寝宫。《辍耕录》对大明殿有详尽描写："殿乃登极正旦寿节会朝之正衙也；十一间，东西二百尺，深一百二十尺，高九十尺，柱廊七间，深二百四十尺，广四十四尺，高五十尺；寝室五间，东西夹六间，后连香阁三间，东西一百四十尺，深五十尺，高七十尺。"

大都宫殿既奢华又具民族特色，主要宫殿使方柱，红漆绘金龙；内装修多用紫檀、楠木等名贵木材；墙壁以毛皮、毡毯、帷幔为装饰，保持了游牧民族的习俗。

《马可波罗行记》记载："大殿宽广足容六千人聚食而有余，房屋之多，可谓奇观。此宫壮丽富赡，世人布置之良，诚无逾于此者。顶上之瓦，皆红、黄、绿、蓝及其他诸色，上涂以釉，光泽灿烂，犹如水晶，致使远处亦见此宫光辉。"由以上史料描述，能略知元大都城市建设和宫廷规模之一二。

元代宫殿明初已被拆除，现今保存下来的元代木构建筑多为寺院、道观。

三、寺院

元代是一个以喇嘛教为主的多教时代，所以这一时期出现了很多大的寺院，如大都的妙应寺的妙应塔、山西洪赵县的广胜寺、山西永济县的永乐宫等。

（一）永乐宫

永乐宫是一座道教道观，原建于山西永济县，现迁至芮城（如图 17-2、图 17-3 所示）。原建筑规模庞大，主要建筑沿南北中轴线排列，自南向北依次排列为：山门、无极殿（龙虎殿）、三清殿、纯阳殿、重阳殿、丘祖殿遗址，其中三清殿体量最大，是一座面阔七间单檐四阿式建筑，通面阔 34 米，进深三间，通进深 21 米；柱网减柱法，仅保留中央三间的中柱与后金柱；外柱有明显收分和柱侧角。檐部斗栱为单杪双昂铺作，补间铺作除尽间一朵外，其他皆为两朵。屋面坡度较前朝大，出檐减小，斗栱体量减小，为元代建筑典型。

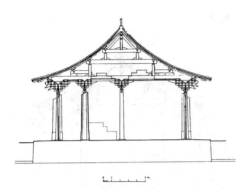
图17-2 山西芮城县永乐宫三清殿剖面图

图17-3 山西芮城县永乐宫三清殿立面图

(二）妙应寺白塔

妙应寺为喇嘛庙建筑，位于北京阜成门内（如图17-4、图17-5所示）。始建于元代（公元1271年），公元1279年陆续建造寿安寺、山门、钟楼、鼓楼、天王殿、三世佛殿、七世佛殿。此殿设计者为尼泊尔人阿尼哥，为现存白塔极具代表性作品。它下部由两层相叠的须弥座组成，其平面为折角四方形（清称四出轩），须弥座覆以庞大覆莲瓣，再上为塔脖子、十三天（相轮）、青铜宝盖及宝瓶，现为小喇嘛塔，通高51米。通体白色，造型壮美，为元代佛塔之精品。

图17-4 北京妙应寺白塔

图17-5 北京妙应寺白塔

(三）广胜寺

广胜寺是佛教建筑，位于山西赵城县霍山（如图17-6、图17-7所示）。由上下两寺组成，下寺正殿最具特色，为单檐不厦两头式（显山），平面及梁架结构很有特点，它平面进深八架三间，面阔前后檐为七间，里面利用减柱与移柱法，变为面阔五间，它在前后金柱上安装横向的大内额，以承载各缝梁架；又利用斜梁，下端搭在斗栱上，尾部搭在大内额上，其上放置檩桁；斗栱为单杪单昂重栱计心造，只有柱头铺作而无补间铺作。这种打破常规的梁架结构方法是这一时期的地方建筑的特色。

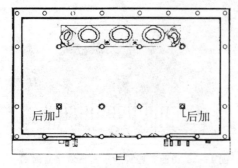

图 17-6 山西赵城县广胜下寺大殿平面图

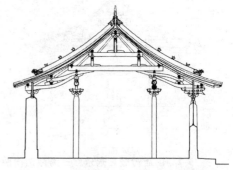

图 17-7 山西赵城县广胜下寺大殿剖面

图 17-8 新疆维吾尔自治区霍城县土虎鲁克玛札

（四）土虎鲁克玛札

元代伊斯兰建筑受中亚建筑影响，其风格样式接近于伊斯兰建筑风格（如图17-8所示）。如新疆霍城的土虎鲁克玛札，建于公元14世纪中叶，平面为长方形，穹窿顶，法券大门镶嵌白、紫、蓝马赛克砖。

四、观星台

观星台位于河南登封县告成镇周公庙内，此台为元郭守敬所建，是我国现存最早的天文台（如图17-9所示）。台平面为正方形，台北面自中左右做踏垛曲折而上。北面做直漕以竖表，表高40尺（元尺），以测冬、夏至日影之长短；与表成直角者为圭（水渠），圭长128尺，用于取平。台上小屋为后世所建。

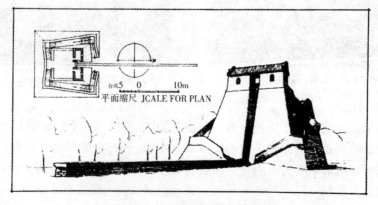

图 17-9 河南登封告成镇观星台

第二节 明朝建筑

（公元 1368 年至公元 1644 年）

一、城市建设

明太祖（朱元璋）于公元 1368 年推翻了蒙古统治建立了明朝，起初定都为南京，为防蒙族侵扰，后朱棣迁都至北京。

这一时期由于手工业、商业及外贸业的发展还出现了一些新兴的中小城市；城市中出现了会馆、戏院、书院及旅店、餐馆等公共建筑。

广东、福建、安徽、四川等地还出现了三四层高的建筑。明清建筑成为我国建筑史上的最后一个高峰。

明都城在元大都城基础上改建而来，公元 1368 年，改为北平府，把北城墙南移五里，明中期在南面加筑外城，把天坛、先农坛及稠密的居民区南扩，形成近凸字形的城池，直至清朝没有改变。城市按中轴线左右对称布局，各城门为干道的中轴，内城以南北干道居多，外城干道在城中十字相交；重要的干道相交处建牌楼为标识；城市平面布局以宫城（紫禁城）为核心，已置于城北部中央；第二层为皇城；第三层为内城；最外层为城郭，皇城以内，禁城西以太液池、琼岛做西苑，为游宴之所。明都形制基本遵循隋唐以来都城规划。

都城外城南北宽 3100 米，东西长 7900 米，城为东西长，南北窄的长方形平面；内城南北宽 5350 米，东西长 6650 米，近方形。外城南设三门：东为左安门，中为永定门，西为右安门；东西各一门：东广渠门，西广宁门；北设五门，自东而西为：东便门、崇文门、正阳门、宣武门、西便门；同时崇文门、正阳门、宣武门也是内城的南三门；内城东西各两门，东：南朝阳门，北东直门，西：南阜成门，北西直门；北两门：东安定门，西德胜门；内城之内还有皇城，皇城内的建筑主要是宫苑、庙社、衙署、作坊、仓库等；皇城之内是宫城紫禁城，亦称"大内"，是皇帝政务和起居之处，这是都城的核心。

二、宫殿（故宫）

故宫始建于公元 1406 年，整体布局仍遵循传统的"前堂后室、左祖右社"的规则。宫殿左面为太庙，右面为社稷坛。宫殿整个建筑分为外朝与内朝两大部分。外朝有三大殿，主殿为奉天殿（太和殿）是皇帝登基、朝会、颁诏等大典的地方，面阔九间，重檐庑殿式，华盖殿（中和殿）是皇帝大朝前休息的地方，方形，三间，四角攒尖建筑，保和殿（勤身殿）皇帝殿试进士的地方，九开间重檐显山建筑，三殿南北排列成工字形；内朝三大殿，乾清宫，为皇帝正寝，七间，重檐庑殿式，坤宁宫为皇后正寝，明初，乾清宫与坤宁宫之间由长廊相连，后拆廊改建为一小殿——交泰殿，为皇帝结婚的地方。在三大殿的东西侧，各建有嫔妃居住的东西六宫。皇宫北端建有御花园，亭台楼阁，假山奇石，苍松翠柏，奇花异草，美不胜收。

三、坛庙

（一）历代帝王庙

历代帝王庙位于北京阜成门内，始建于嘉靖九年（公元1530年），乾隆时大修过。占地为21500平米，建筑面积为6000平米。为三皇五帝与历代帝王和文臣武将皇家庙宇，是明清两代帝王祭祀的地方（如图17-10所示）。

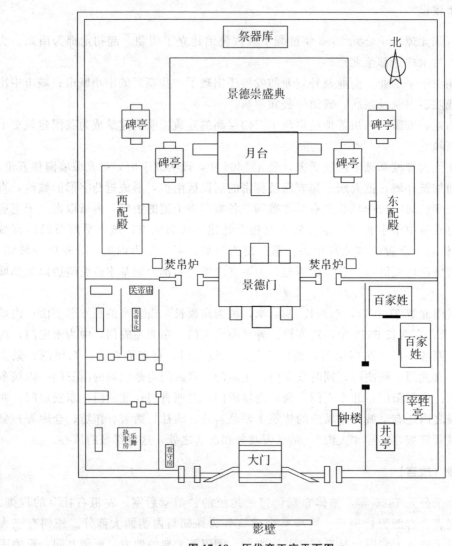

图 17-10　历代帝王庙平面图

庙门三间，一进院东西跨院为附属建筑，东跨院建有神厨、神库、宰牲亭等建筑；西跨院建有乐舞执事房、关帝庙等建筑，穿过五间景德门，为后院，主殿为景德崇圣殿，坐落在高高的基座上，中间三间基座向外延伸成凸字形，南面三出陛，中间为云水纹御路，东西各出一陛。主殿为重檐庑殿式，面阔九间，长51米，进深五间，长27米。前后五排柱，前后金柱与中柱等高，檐部使用落金溜金斗栱，所有柱用金丝楠木做成。大殿内供奉着三皇五帝、开国帝、守业帝188位牌位。

大殿东西各有七间配殿，大殿后建有七间祭器殿。整座庙宇气势恢弘，充分体现出皇家尊贵气派（如图17-11、图17-12所示）。

图17-11 历代帝王庙

图17-12 历代帝王庙

（二）社稷坛（中山公园中山堂）

社稷坛是我国古代帝王最重要的祭祀场所之一，祭祀社神（土地神）与稷神（谷物神）。明清两代的社稷坛（现中山公园）位于天安门的西侧，所谓"左祖右社"。它坐南朝北，原坛北正门三间（现中山公园南大门是后开的），正门内又有一座戟门，戟门南是享殿（拜殿），再南是社稷坛台（如图17-13所示）。

社稷坛台由三层方台组成，每面设棂星门一座；上层台长宽各四丈七尺九寸五分，每层皆设栏杆，全部用汉白玉制作；台上铺五色土，象征全国的土地。坛台的黄土中央，有一两尺见方的土龛，龛内埋藏石柱、木柱各一根，分别代表社神和稷神。

享殿建于公元1421年，平面为长方形，面阔五间，进深四间，单檐九脊式（显山式）。基座平素，柱收分、侧角明显；单杪双下昂，重栱造；阑额高，普拍枋宽度与阑额厚度相等，以上皆为明初古建特点（如图17-14所示）。

图17-13 社稷坛

图17-14 社稷坛享堂

（三）长陵陵恩殿

长陵陵恩殿位于北京昌平天寿山南麓，建于公元1415年（如图17-15所示）。此殿面积与清宫太和殿相近，为重檐四阿式，坐落在三层汉白玉须弥座上。大殿全部木料为名贵的香楠木，当心间四内柱径达 1.17 米，高达 15 米，实属罕见；下檐斗栱为单杪双下昂（单翘双昂七踩斗栱），自第二层以上，引申斜上者六层，实拍相联，并加以三伏云连销，形成溜金斗栱；上檐为双杪双下昂斗栱（双翘双昂九踩斗栱）；当心间（明间）补间铺作多至八垛；上檐斗栱第二层昂及耍头后尾延长，压在下平槫之下，昂尾之长前所未见。

（四）真觉寺金刚宝座（五塔寺）

真觉寺位于北京动物园外西北门外，始建于明永乐年间（公元 1403—1424 年）。金刚宝座于公元 1473 年竣工。现辟为石雕艺术博物馆（如图 17-16 所示）。

金刚宝座内砖外石券栱结构，通高 15.76 米，南北 18.6 米，东西 15.73 米，南北各辟一门，内设过室、塔室、塔内中心柱、佛龛、佛像等，有阶梯盘旋至顶。

图 17-15　长陵陵恩殿

图 17-16　真觉寺金刚宝座（五塔寺）

"金刚宝座"这种建筑形式来自印度，意为坚不可摧，固若山岳。宝座为释迦牟尼觉悟的坐处；宝座上分立五座四角密檐塔，代表五方佛：正中一座主塔十三层，高 8 米；代表大日如来，其余四角各塔相同，十一层，高 7 米，分别代表：阿閦如来、宝生如来、弥陀如来、不空如来。

主塔前建有一座绿琉璃罩亭，重檐，底层四坡方形，上层圆形攒尖，寓意"天圆地方"。

宝座四周雕有六层佛像刻石，是一座精美的石雕艺术精品。

第三节　清代建筑

（公元 1644 年至公元 1911 年）

清朝建立于公元 1644 年，建朝初期一方面积极恢复农业生产，稳定封建经济，另一方面却对手工业、商业、对外贸易采取限制、压抑的政策，使得明代萌芽起来的资本主义遭到摧残，直到清朝中叶资本主义经济才重新得到发展。建筑业基本沿着传统建筑方向发展起来，并取得了我国古代建筑的最后一个辉煌时期。在这期间官式建筑已走向定式，规格化、程式化，从建筑等级、建筑样式、建筑构成、构件造型、尺度权衡、建材用料、工程核算都有了一套严格的规定。雍正十二年，清工部颁发了《工程做法则例》，成为官式建筑的法典。有了建筑法典，能使建筑适应等级制度的需要，保证了建筑风格的统一，促进了设计施工的速度,科学的计算工料成本;但是任何事物都有两重性,官式建筑定了型,程式化后就难以再发展创新。

清代在造园艺术方面达到了新的高峰。著名的园林有:北京西郊的圆明园、长春园、万春园等,承德的离宫避暑山庄。

一、宫殿(故宫)

故宫是明清两朝的皇宫,虽始建于明代,但现存各殿宇多为清代所建,规模之大,面积之广,为世界帝宫之最。南北960米,东西760米,其南面伸出长约六百米,宽约一百三十米的前庭。前庭之南端为皇宫正门——天安门,天安门之北约二百米为端门,再北约四百米即午门(如图17-17所示)。

紫禁城之南门,午门造型是历史阙楼的一种演变形式。午门内,分为外朝与内廷两大部分,穿过金水桥,越过太和门,便是外朝最大的宫殿太和殿(如图17-18所示)。它是一座单层重檐庑殿式建筑,面阔十一间,进深五间,为我国目前保存下来最大的木构建筑。明初称奉天殿,几经改建,今殿为康熙三十六年所重建。大殿立于三层汉白玉须弥座之上,甚庄严、崇伟。斗栱体量小,高不及柱高1/6;下檐为单杪重昂,上檐为单杪三昂,明间补间铺作八垛之多。殿内外大木均施和玺彩画,金碧辉煌。它是皇帝举行登基、朝会、颁诏等大典的地方(如图17-19、图17-20、图17-21所示)。

图17-17 午门

图17-18 金水河与太和门

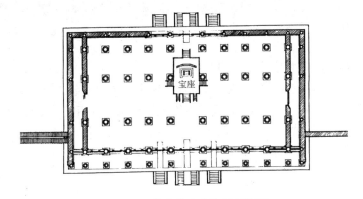

图17-19 北京故宫太和殿平面图

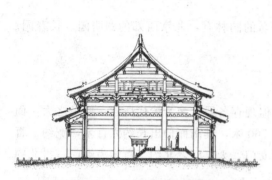

图 17-20 北京故宫太和殿剖面图

图 17-21 太和殿

太和殿之北为中和殿（华盖殿），它立于工字形三层汉白玉丹陛之上。其平面为方形，五间，单檐攒尖顶；四面无墙，由格子门和槛窗镶嵌。是皇帝出御太和殿之前，在此休息接受群臣朝拜之处（如图 17-22 所示）。

中和殿之北为保和殿（谨身殿），是殿试进士的考场，单层重檐显山顶，面阔九间，进深四间，为加大使用空间，减掉了前面金柱六根（如图 17-23 所示）。

保和殿以北，过了乾清门便是内廷三大殿，依次为乾清宫、交泰殿、坤宁宫。乾清宫是皇帝正寝，坤宁宫为皇后正寝。交泰殿为皇帝结婚之处。三大殿东西两侧，为东西六宫，嫔妃起居的寝宫。故宫北端是御花园，松柏苍翠，花卉芳馥，假山池水，飞鸟游鳞，殿阁屹立，亭榭四布，人间仙境（如图 17-24 所示）。

图 17-22 太和殿中和殿与保和殿

图 17-23 太和殿中和殿与保和殿

御花园北有神武门，为紫禁城北门。

故宫总体布局遵循传统的中轴线左右对称的原则。主要建筑建在中轴线上，其他建筑则建在主要建筑左右两侧。主要建筑高大雄伟，样式上也采用单檐或重檐庑殿式（四阿式、四注式）、九脊式（显山式），其他建筑则采用悬山式、硬山式，间数少，体量小，以衬托主要建筑，强调主从与尊卑。

二、园囿

（一）西苑

西苑位北京皇城内紫禁城之西，分为南海、中海、北海三部分。现北海辟为公园对外开放，中、南海为党中央、国务院所在地。元、明、清以来，三海即为内苑。

图 17-24　御花园

图 17-25　北海公园琼岛

北海在三海中面积最大，景致最佳。海中有一琼岛，高 32.8 米，周长 973 米，顶上建白塔一座，高 35.9 米，瓶形，砖石结构。琼岛北建有长廊，外绕以白石栏杆，长 300 米。岛上建有正觉殿、漪澜堂等；岛南隔水为团城，墙高约 4.6 米，面积约 4553 平米。上建承光殿是古代高台建筑的一种遗风（如图 17-25 所示）。

北海东岸和北岸有很多建筑，有画舫斋、静心斋、还有大西天、小西天、阐福寺、西天凡境等建筑；此外还有九龙壁、五龙亭等。南海有一小岛瀛台，一些楼台庭院便随坡就势而建。清光绪帝曾被慈禧太后囚禁于此。民国初年，副总统黎元洪也曾居住在这里。中南海西岸，以怀仁堂、居仁堂为主，约有三四十院落。林木成荫，花卉芳香，幽雅静谧。

中海东岸半岛上有千圣殿、万善殿等建筑。

（二）颐和园

颐和园坐落于北京西山脚下，建筑依山傍水，昆明湖面积占总面积的 3/4。颐和园的景区分为四个部分，第一部分是由颐和园的正门东宫门、仁寿殿、德和园等建筑组成的政务与居住区域。东宫门为五间显山建筑，三明两暗，明间设御路，供帝、后使用，左右踏垛供文武大臣使用。入门后经仁寿门便是仁寿殿，为面阔七间带回廊显山元宝顶建筑，是皇帝处理政务的地方。

德和园是一座四进院的建筑，著名的大戏台就坐落在第一进与第二进院之间，它是一座平面为十字形的建筑，戏台面南在一进院内，为面阔五间的殿堂，作为演员休息与化妆的场所；大戏台面北为戏台看面，三层楼，面阔三间，进深三间，内部结构，自上而下分为福、禄、寿三个台，并设有翻版、辘轳、高压机关等各种设施，能达到风雨雷电、仙女下凡、魔鬼入地的特技效果。从整座建筑的造型设计上，演出设备功能的完善上，从内外装修上，都达到了中国古代建筑一个新的高峰（如图 17-26～图 17-29 所示）。

图 17-26　颐和园仁寿殿远眺德和园

图 17-27　颐和园德和园大戏台面南厅堂

图 17-28　颐和园德和园面北大戏台

图 17-29　颐和园大戏台内部结构及装修

再往里走，偏南为"玉澜堂"，光绪皇帝曾在此训政，同时因戊戌变法也被慈禧幽禁在这里；再往西去便是"乐寿堂"，是慈禧太后居住的地方。

图 17-30　颐和园佛香阁

自乐寿堂以西，属第二景区，为万寿山前山部分，也是重点风景区，临湖有千步廊，中部有排云殿，其上是佛香阁及左右宝云阁、转轮藏等。佛香阁位全园最高点，平面八角形，上下四层，雄伟、壮丽、辉煌（如图 17-30 所示）。

第三部分是万寿山后山与后湖，山上建有藏族风格的喇嘛庙、台、塔等建筑，山下沿湖两岸建有仿苏州的临水街道（如图

17-31、图 17-32 所示）。

图 17-31　颐和园后山喇嘛庙建筑

图 17-32　颐和园后山苏州街

第四部分为昆明湖南湖与西湖，这里以水面为主，南北有一长堤，将湖分成东西两部分，堤岸建有几座不同造型的小桥，沿堤柳树成荫，东湖中有一小岛，由又长又高的石制十七孔栱桥相连，岛上建有龙王庙，僻静幽雅，别具洞天（如图 17-33 所示）。整个颐和园山水相映，林木葱郁，花卉芳馥，庭院、殿阁、水榭、廊庑和建筑随山就势，高低错落，正歧有致，雄伟辉煌，人文与自然有机结合，成为清代现存皇家园林之冠。

（三）坛庙（天坛）

清代坛庙有：天安门东的祭祖太庙、天安门西的社稷坛、永定门内路东的天坛、路西的先农坛、朝阳门外的日坛、阜成门外的月坛、安定门外的地坛，其中天坛为各坛之首。

天坛始建于明永乐十八年（公元 1420 年），现今建筑为光绪十六年（公元 1890 年）重建。

天坛是明清两代皇帝祭天的地方，每年冬至皇帝都要来此祭天，新帝登基也要来此祭告天地，以示受命于天。天坛设计理念是造成与天对话的意境（如图 17-34 所示）。

图 17-33　十七孔桥与湖中岛

图 17-34　自天坛圜丘北眺

天坛是皇帝祭天的地方，它由内外两层围墙组成，东西总长 1700 米，南北总宽约一千六百米，总体平面北圆南方，象征古人认为的"天圆地方"。天坛按功能分为四部分，第一部分，外围墙内西部为附属建筑，建有舞乐人员居住的神乐署、饲养祭祀用的牲畜的牺牲所；第二部分，内围墙西门内，为皇帝祭祀用的斋宫。斋宫总体平面为方形，主要建筑被内外两道御河与两道围墙环绕，设有北、东、南三座宫门（如图17-35所示）。

斋宫正殿为无梁殿，是皇帝举行有关礼仪的地方，始建于明永乐十八年（公元1420年）。这是一座砖券建筑，无柱、梁、枋等木构架，整个建筑由砖砌成，面阔五间，庑殿式，整个造型端庄、浑厚（如图17-36所示）。

图17-35 斋宫外层御河与石桥、斋宫大门

图17-36 斋宫大殿（五脊殿）

第三部分，内围墙里北端祈年殿及附属建筑。祈年殿平面为圆形，直径30米，高38米，基座为三层汉白玉须弥座，层层内收（如图17-37所示）。共有内外两周柱，各12根，中间有四根龙井柱。圆周13间，无砖墙，安装隔扇门。祈年殿有三层檐，层层内收，顶部圆形攒尖，上安金顶，整个建筑造型给人以冲向太空的感觉，表达了对上天的崇敬。色彩考究，自下而上为白、红、青、金几大块颜色。特别是青琉璃瓦，与天色呼应，融为一体。

南端为皇穹宇与圜丘部分，皇穹宇建于公元1530年，为圜丘坛天库的正殿，原名泰神殿；圜丘与祈年殿南北相对，始建于嘉靖九年（公元1530年），乾隆十四年（公元1749年）改建，把原蓝琉璃瓦栏板改为汉白玉栏板。它是一座低矮的三层圆坛，上层径26米，底径55米。它的石板、石台阶、石栏杆等一切构件、石料件数皆为九或九的倍数。一、三、五、七、九是奇数，古人认为奇数为阳，天为阳；九又是最大的阳数，象征着天。

圜丘由两层矮墙围绕，内圆外方，象征"天圆地方"，四面正中各建三座汉白玉棂星门（如图17-38所示）。

图17-37 祈年殿

图17-38 圜丘

天坛建筑，无论设计所体现的思想上、造型上、色彩的应用上都达到了尽善尽美，是

一处珍贵的建筑艺术品。

（四）太庙

太庙为明清两代皇家祭祖等大典场所，始建于永乐十八年（公元1420年），几经维修，但基本保持明代建筑形制。整个建筑群非常庞大，四进院，中轴线上自南往北依次为：前琉璃门，正中三座栱门，东西各一座过梁门；入门院中建有戟门玉带桥；过了玉带桥为太庙的礼仪门——戟门，面阔五间，进深两间，单檐庑殿式建筑（如图17-39、图17-40所示）。

图 17-39　北京太庙前琉璃门

图 17-40　太庙戟门

过了戟门为二进院，正殿为建筑群体量最大的主殿——享殿。大殿坐落在三层汉白玉须弥座上，座高3.46米，须弥座中部向前延伸，成凸字形。大殿为重檐庑殿式建筑，面阔十一间，通面阔长68.2米，进深六间，通进深30.2米，殿高32.46米；六十八根大柱及主要梁、枋皆为金丝楠木制作，柱径最大为1.25米，是我国现今保留下规模最大的金丝楠木殿堂（如图17-41所示）。

若与故宫太和殿相比较，除基座逊于太和殿外，整座大殿比太和殿更显庄严、厚重、雄浑。这来自于一些构件比例关系上的不同，比如：太庙的面阔与柱高比值大，面阔宽；大额枋高与柱径比值大，接近1.5∶1；斗栱攒数少，明间六攒，体量大，而太和殿明间斗栱八攒，体量小……诸多因素，造成两座大殿造型上的差异，也代表了明清两代建筑风格上的区别。

图 17-41　北京太庙享殿

享殿之后为寝殿（中殿）、祧殿（后殿），皆为单檐庑殿式，面阔九间，进深四间建筑，寝殿平时供奉着历代皇帝及皇后牌位，清末供奉努尔哈赤、皇太极、福临、康熙、雍正、乾隆等清朝十一帝的牌位；后殿供奉远祖牌位。此外还有东西配殿数十间。是我国保存下来的规模最大、等级最高、品质最好的庙宇建筑群。

思考题

1. 元大都平面布局与明清北京平面布局有何不同?
2. 元代建筑梁架结构与平面布局有何特点?
3. 清代都城平面是怎样构成的?共有几座城门?
4. 紫禁城有几大重要宫殿?
5. 明清两代建筑有何特点?
6. 天坛主要建筑是由哪两部分组成?各有何特点?
7. 北京有几处明清两代皇家园林?主要景点是哪些?
8. 北京有几处明清两代重点坛庙?

参考文献

[1] 北京土木建筑学会等五单位.清工部工程做法则例[J].古建园林技术,1983.
[2] 梁思成.清式营造则例[M].北京:京城印书局,1941.
[3] 梁思成.中国建筑史[M].天津:百花文艺出版社,2003.
[4] 杨鸿勋.建筑考古学论文集[M].北京:文物出版社,1987.
[5] 马炳坚.中国古建筑木作营造技术[M].北京:科学出版社,1993.
[6] 刘敦桢.中国古代建筑史[M].北京:中国建筑工业出版社,1984.
[7] 中国建筑史编写组.中国古代建筑史[M].北京:中国建筑工业出版社,1986.
[8] 井庆升.清式大木作操作工艺[M].北京:文物出版社,1991.
[9] 孙机.汉代物质文化资料图说[M].北京:北京文物出版社,1991.
[10] 文化部文物保护科研所.中国古建筑修缮技术[M].北京:中国建筑工业出版社,1983.
[11] 李全庆,刘建业.中国古建筑琉璃技术[M].北京:中国建筑工业出版社,1987.
[12] 祁英涛.中国古代建筑的保护与维修[M].北京:北京文物出版社,1986.
[13] 罗哲文.中国古代建筑[M].上海:上海古籍出版社,1998.
[14] 刘大可.中国古建筑瓦石营法[M].北京:中国建筑工业出版社,1993.
[15] 罗哲文.古建清代木构造[M].北京:清华大学出版社,1985.
[16] 清华大学建筑系.中国古代建筑[M].北京:清华大学出版社,1985.
[17] 李宏.中外建筑史[M].北京:中国建筑工业出版社,2003.
[18] 刘敦桢.中国住宅概说[M].北京:建筑工程出版社,1957.
[19] 马炳坚.北京四合院建筑[M].天津:天津大学出版社,1999.
[20] 北京市建委技术协作委员会.古建筑彩画选[M].1984.